비싼 장난감, 절대 사주지 마라

Pourquoi les bébés jouent?

비싼 장난감 절대 사주지 마라

- 아이와 놀이의 비밀 -

로랑스 라모 지음 | 이해연 옮김 | 이정학 그림

아숲

아이의 놀이엔 비밀이 있어요

세상의 모든 부모는 자기 아이가 몸도 마음도 건강하게 자라도록 세심하게 보살핍니다. 혹시라도 위험한 일이 생길까 봐 늘 마음 졸이며 아이의 하루하루를 꼼꼼히 계획하죠. 하지만 때로는 아이가 어리다는 이유만으로 정말 중요하고도 필요한 것을 소홀히 하기도 합니다. 그것은 바로 '학습'입니다.

대부분 한 살배기 아이는 아직 말을 하지 못합니다. 걷는 것도 겨우 걸음마를 하는 정도죠. 하지만 아이는 태어난 첫해에 자신의 인생 어느 때보다도 많은 것을 배웁니다. 물론 우리도 유아기를 거쳤지만, 그 시기에 일어난 일들을 잘 기억하지는 못하죠. 그래서일까요? 우리는 아이에게 놀라운 학습 능력이 있고, 또 다양한 영역과 외부 세계를 탐험하는 능력이 있다는 사실을 인정하면서도 아이는 지극히 한정된 지식만을 습득할 수 있다고 믿습니다. 우리가 흔히 유아기 어린이의 학습에 소홀한 이유는 바로 그 때문인지도 모릅니다.

그렇습니다. 세상 모든 아이에게는 놀라운 학습 능력이 있습니다. 그런 능력은 아이를 '불가사의한 존재'처럼 보이게도 하죠. 최근 몇몇 연구자는 그 신비의 베일을 걷어냈습니다. 아이가 세계를 경험하고, 그를 통해 다른 세계를 상상하고, 주변 사람을 인식하고, 그들의 불행에 연민을 느끼는 '능력'을, 과학자들이 밝혀낸 거죠. 우리는 아이를 존중해야 합니다!
아이는 '능력이 부족한 어른'이 아닙니다. 아이는 단지 어른과 다를 뿐이
고, 덜 성숙했을 뿐이죠. 그래서 아이는 어른에게 의존하고, 자기 힘으로
살아남아야 하는 의무도 없습니다. 아이는 유년기에 지식을 쌓고, 상상력
을 발휘하고, 가능성을 발견하고, 사물과 상황이 어떻게 작동하는지, 그 해
답을 찾으며 지낼 수 있습니다. 한마디로 '학습'할 수 있죠. 유년기는 인간
이 어느 시기보다도 많은 성과를 낼 수 있는 기회입니다.

　　우리는 아이와 함께 이 기회를 이용하고, 아이에게 도움을 주어야
합니다. 다시 말해 과거 시대에 그랬듯이 이 시기의 아이에게는 교육이 필
요 없다고 착각해서도 안 되고, 유아가 마치 학교에 다니는 아이들처럼 예
습과 복습을 할 수 있다고 오해해서도 안 됩니다. 실제로 오늘날 우리는 아
이와 아이의 능력에 대해 아주 많은 것을 알게 되었습니다.

　　우리는 놀이가 아이의 특성이고, 거기에는 어떤 목적도 계획도 없
으며, 어른의 의도와 잘 맞지 않는다는 것도 잘 알고 있습니다. 실제로 학
습에 놀이를 이용하는 방법이 오히려 역효과를 낸다는 사실도 이미 밝혀
졌죠. 아이의 놀이는 자유롭고, 목적이 없으며, 무엇보다도 즐겁습니다. 그
러나 놀이는 아이에게 쓸데없는 짓이 아닙니다. 놀이는 아이가 상상하고,
학습하고 있음을 보여주는 증거입니다. 그렇습니다. 놀이는 '미숙함이 역
설적으로 소중한 무용함이라는 사실을 보여주는 가장 명백한 증거'[1]로 남
아 있어야 합니다.

　　따라서 유아기 아이의 교육법은 달라져야 합니다. 아이가 어떻게

---

1) 앨리슨 고프닉(Alison Gopnik), 『우리 아이의 머릿속(Le Bébé philosophe)』, 김아영 옮김, 랜덤하
우스코리아, 2011.

생각하는지, 어떻게 스스로 학습 방법을 찾아내는지, 자신을 둘러싼 환경을 어떻게 이해하게 되는지, 더 많은 과학적 연구가 이루어져야 합니다.

아이의 뇌는 어른의 뇌와 매우 다르며, 고유한 특성과 엄청난 유연성이 있습니다. 그러니 아이가 우리와 다르다는 점과 주변 환경을 이해하는 방식 역시 다르다는 점을 인정해야 합니다. 자유롭고 억압되지 않은 상상력은 어른인 우리가 영원히 도달할 수 없는 곳으로 아이를 이끌어간다는 사실을 인정해야 합니다. 우리에게는 무분별해 보이는 행동이 아이에게는 세상을 탐구하는 활동이라는 사실을 인정해야 합니다. 끊임없이 날갯짓하는 나비처럼[2] 쉴 새 없이 움직이는 아이가 가는 곳에 일밖에 모르는 우리 애벌레들은 이제 갈 수가 없답니다. 그렇습니다. 천방지축 신나게 뛰어다니던 아이가 굼뜨고 꾸물대는 어른으로 변신하는 모습은 마치 나비가 애벌레가 되는, 거꾸로 가는 변태 과정을 겪는 것처럼 보입니다. 이렇게 유아기는 한번 지나가면 다시는 돌아오지 않는 소중한 자유와 학습의 시간이기도 합니다.

유아기가 얼마나 풍요로운 시간인지를 알게 되었다면, 아이가 이 보물 같은 시간을 허비하지 않게 해야 합니다. 우리 어른들은 아이가 학습하기에 적합한 환경을 만들어주고, 학습에서 가장 중요하지만 늘 모자라는 요소인 사랑을 아이에게 듬뿍 쏟아부어야 합니다. 다시 말해 아이가 이 세상을 탐구하는 모험[3]을 감행할 수 있게 해주면서, 그와 동시에 안정감을 느끼게 해주는 것, 서로 대립하는 듯한 이 두 가지, 그러나 아이의 인생에 꼭 필요한 이 두 가지 과제를 우리는 어떻게 실천할 수 있을까요?

2) 같은 책.
3) 보리스 시륄니크(Boris Cyrulnik), 『육체와 정신(De chair et d'âme)』, Paris, Odile Jacob, 2006.

아이는 어떤 존재일까?

근래에 인간의 삶을 시기적으로 점점 더 정교하고 세밀하게 구분하는 경향이 뚜렷해지면서 유아기에 대해서도 더 특별한 관심을 보이게 되었고, 전적으로 이 문제를 다루는 연구와 교육기관도 많아졌습니다. 이제 우리는 아이에게 좋은 교육을 받게 하는 것이 미래를 위한 경제적인 투자라는 사실을 확신하게 되었고, 어린이집에서부터 각각의 아이를 위한 '맞춤 교육'이 필요하다는 사실도 입증되었죠.[4] 긍정적으로 생각하자면 자녀 교육에 대한 이런 관심은 미래의 사회를 만들어갈 아이들에게 부여할 위치에 대한 고민에서 생긴다고 말할 수도 있을 겁니다. 그렇다면, 유아기는 과연 어떤 위치에 놓여야 할까요? 유아기는 좀 더 넓게 보면 유년기에 포함됩니다. 한 인간의 삶에서 이 시기의 특성이나 이 시기를 구분하는 정확한 경계를 규정하기는 쉽지 않습니다. 실제로 유아기를 정의하기는 매우 까다롭습니다. 그 경계가 모호한 데다가 어떤 관점에서 접근하느냐에 따라, 다시 말해 의학적, 사회적, 인구통계학적, 법적, 심리학적, 역사적 관점에 따라 유년기의 정의는 달라질 수 있기 때문입니다.

어원을 보면 '아이'라는 말은 '말을 못하는'이라는 뜻의 라틴어 'infans'에서 유래했습니다. 고대 로마 문화권에는 '말 못하는 아이(pueri infantes)'라는 표현이 있었습니다. 이 말은 동물을 가리키는 말이기도 했죠. '말하는 능력이 없다'는 뜻의 'infantia'는 인간 삶의 최초 시기인 0~7

---

4) 자크 아탈리가 주최한 프랑스의 성장 촉진을 위한 위원회(Commission pour la libération de la croissance française présidée par Jacques Attali), 『10년을 위한 소망(*Une ambition pour 10ans*)』 Paris, XO, 2010.

세까지를 의미했습니다. 이 나이까지 아이의 말을 의미 없는 것으로 보았던 것이죠. 그래서 아이에 대해 이렇게 정의한 사람도 있었습니다.

"아이는 까마귀나 앵무새 같다. 아이는 설령 낱말을 알아도 그것을 적절하게 사용할 줄을 모른다. 넓은 의미에서 아이는 동물과 같으며 아이의 속성을 나타내는 형용사로 흔히 '말을 못하는(infantes)'이라는 표현을 사용한다."[5]

7세가 넘으면서 아이는 의미 있는 말을 할 수 있게 됩니다. 오늘날 우리가 '철이 드는 나이'라고 부르는 시기입니다. 이 시기의 아이는 동화에 나오는 신기한 존재를 더는 믿지 않게 되고, 현실 세계와 상상 세계를 구별하려고 애쓰게 됩니다. 산타클로스의 존재라든가 인간의 말을 하는 작은 생쥐에 대한 믿음이 사라져버리는 거죠.

신체적으로 정의할 때 유년기는 아이가 성장하고 발달해서 성숙해지는, 즉 사춘기가 시작될 때까지의 기간을 말합니다. 일생을 통해 인간은 이 시기에 가장 빨리 발육하고 성장하죠. 우리에게 유아기가 아주 특별하고 매혹적이고 신비스럽게 느껴지는 이유도 아이가 이 시기에 그토록 빨리 발육하고 성장하기 때문인지도 모릅니다. 아이는 어떻게 그토록 짧은 시간에 걷고, 말하고, 살아가는 법을 터득할 수 있을까요?

시기적으로 정의할 때 유아기는 신생아(탄생 후 첫 달)가 젖먹이(걸

---

5) 장 피에르 네로두(Jean-Pierre Néraudau), 『고대에서 17세기까지 서양에서 아이의 역사(*Histoire de l'enfance en Occident de l'Antiquité au XVIIe siècle*)』 중에서 '로마 문화에서의 아이(L'enfant dans la culture romaine)', 에글 베치(Eglle Becchi)·도미니크 쥘리아(Dominique Julia) 공저, Paris, Seuil 편, 1999.

음마를 할 때까지)가 될 때까지를 아우르는 제1 유아기, 그리고 탐구의 시기 (3살)에서부터 취학 연령(6살)까지를 아우르는 제2 유아기로 구분됩니다. 정신분석학자들은 유아기를 구순기, 항문기, 남근기의 3단계로 나누는데, 이 구분은 우리가 앞서 말한 신체적, 정신적 발달단계와 정확하게 일치하지는 않습니다.

제도적으로 정의할 때 사회보장의 관점에서 국가의 보호를 받는 대상 어린이는 6세까지의 유아입니다. 이 나이부터 의무교육이 시작되므로 부모의 뒤를 이어 학교가 아이를 돌보게 되죠. 하지만 유아기가 끝나는 시기와 의무교육이 시작되는 시기가 일치하지는 않습니다. 대부분 아이는 네 살, 혹은 세 살 때부터 유치원에 다니기 때문이죠. 결국 유아기는 아이가 학교에 다니지 않는 시기, 즉 '학생'이 되기 전의 시기를 말합니다. 역설적이게도, 이 시기는 학교에서 정한 규칙대로 정해진 지식을 습득할 의무가 없는 축복받은 시기이며, 풍부한 경험과 새로운 지식에 대한 자발적이고 자유로운 입문이 허락되는 시기라고 할 수 있죠. 이처럼 유아기를 정확히 규정하기는 쉽지 않습니다. 제도가 변하면서 사회적인 표상, 경계, 아동 정책도 함께 변했기 때문입니다.

국제적으로 정의할 때에도[6] 과연 유년기가 언제 시작하고 언제 끝나는지를 단정적으로 말할 수 없습니다. 나라마다 국민 정서와 교육정책, 보육 시설의 상태가 다르기 때문이죠. 게다가 태아에게 부여하는 사회적 지위도 나라마다 다르고 논란의 대상이 되는 만큼, 유아기에 대한 정의는 간단치 않습니다.

6) OECD, 『유아기, 위대한 도전 2: 교육과 수용 구조(*Petit enfance, Grands défit II: Education et structure d'accueil*)』, 2007.

아기는 유아기에서 특별한 위치에 있습니다. '아기(baby)'라는 낱말은 원래 19세기 중반부터 쓰였습니다. '아기'라는 낱말 덕분에 이전까지 어린아이를 낮잡아 가리키던 말들, 예를 들어 젖먹이, 갓난쟁이, 핏덩이, 새끼 등의 거친 표현들을 사용하지 않게 되었죠. 사실 오늘날과 달리 이전에는 일반적으로 아기를 발전 가능성이 잠재된 '작은 인간', 가치 있는 존재로 간주하지 않았습니다.

물론 아기는 어른의 마음에 사랑을 불러일으키는 존재이지만, 20세기 초까지만 해도 유아사망률이 매우 높아서 아이를 대하는 감정에는 늘 죽음과 상실의 그림자가 드리워져 있었습니다. 다시 말해 당시의 부모 자식 관계는 오늘날 보편적인 애착 관계와 많이 달랐고, 아이가 정신적으로나 육체적으로 조화롭고 안전하게 성장할 수 있는 환경을 마련해주지 못했습니다. 요즘 부모가 당시의 부모를 본다면 아이를 학대하는 잔인하고 무자비한 사람들로 여길지도 모릅니다.

하지만 우리 현대인의 감성을 잣대로 선조를 평가하지 않도록 조심해야 합니다.[7] 당시에는 모든 것이 달랐으니까요. 특히 아기는 흔히 한 살이 채 되기도 전에 사망하곤 했기에 늘 불안한 상태에 있었죠. 아이가 언제든 죽을 수 있다는 생각은 삶의 일부를 이루었고, 유아기는 진정한 삶이 시작되기 이전의 잠정적인 시기로 여겨졌습니다.

미완성의 작은 존재인 아기는 포대기에 싸인 채 꼬물거리다가, 점점 다리도 곧게 펴지고, 나중에는 두 발로 서거나 걸으면서 동물과 다름없

---

7) 마리 프랑스 모렐(Marie-France Morel), 『다른 곳, 어제, 그리고 오늘의 어린이(*Enfance d'ailleurs, d'hier, et d'aujourd'hui*)』 중 「어제의 어린이, 역사적 접근(Enfance d'hier, approche historique)」, Paris, Armand Colin, 1997.

던 처지에서 벗어나 인간에 가까운 존재가 되어갑니다.

　19세기부터 의사가 법 제정에 참여하고, 공중위생과 예방 조치를 담당하면서부터 아기의 생명을 보호하게 되었고, 아기라는 존재 역시 새롭게 인식하게 되었습니다. 이런 변화는 아기를 심리학의 관점으로만 바라보는 위험을 낳기도 했지만, 심리학이 점점 더 관심을 보이면서 아기는 드디어 인간 사회에서 자신만의 고유한 위치를 차지하게 되었습니다.

　오늘날 자녀는 마치 귀한 선물처럼 소중한 존재가 되었고, 사회는 아이를 숭배하기까지 합니다. 아이를 주제로 한 전문 잡지가 늘어나고, 아이의 성장 단계에 맞춰 개발한 다양한 유아 용품과 장난감, 의복 등의 소비가 끊임없이 증가하고 고급화하는 현상은 이 사회가 아이에게 얼마나 큰 중요성을 부여하는지를 잘 보여줍니다. 수많은 연구자가 아이의 발달 이론을 발표했고, 이제 일반인도 그런 이론에 익숙해졌습니다. 특히 아이에게 무한한 잠재력이 있다는 사실이 밝혀지면서 아이를 교육하는 방식에도 큰 변화가 생겼습니다. 1980년대에 들어와 아이는 드디어 '인격체'[8]가 되었으며, 사랑받을 자격이 있는 어린 존재, 매우 섬세하고 능력 있는 존재, 상호 작용과 조기교육을 할 수 있는 존재, 기쁨과 행복을 주는 작은 인간이라는 이미지도 부여되었습니다.

　하지만 그렇다고 해서 이런 상황이 미성숙한 아이가 이제는 모든 사람이 인정하는 능력을 갖춘 존재가 되었고, 완벽한 인간으로서 어른의 이상형이 될 수 있다는 기대를 충족하는 것은 아닙니다. 그보다는 사회가 양산한 수많은 이미지를 통해 아이의 '이상적인' 모습을 만들어내고, 그에

---

8) 베르나르 마르티노(Bernard Martino), 『아기는 인격체다(*Le bébé est une personne*)』, Ballard, Paris, 1985.

따라 아이의 교육 방법도 획일화·규격화하고 있다는 것이 주목할 만한 사실이죠.

아이는 놀면서 배운다

그렇다면 이 책에서 말하는 아이는 어떤 아이일까요? 앞서 말했듯이 아이는 'infans', 즉 '말을 못 하는 존재'이지만, 오늘날 우리는 애타게 아이의 말에 귀를 기울이고, 아이가 무엇을 원하는지를 알아내려고 안간힘을 씁니다. 하지만 아이는 여전히 이해할 수 없는 불가사의한 존재죠. 아이는 어른이 된 우리의 내면에도 살아 있습니다. 기억 깊은 곳에 숨어 있다가, 우리 삶에서 예상치 못한 순간에 불쑥 모습을 드러냅니다. 이 아이는 아마 우리 삶이 끝나는 순간에도 나타나겠죠.

　　그러나 이 책에서 살펴볼 아이는 어른의 내면에서 잠자는 그런 '영원한 아이'가 아니라 실제로 이 순간을 살아가는 어린이, '미취학 아동'입니다. 즉, 새로운 것을 발견하고, 학습하고, 성장하는 것이 무엇보다 중요한 아이를 말합니다. 아직 말도 제대로 하지 못하고, 몸도 제대로 가누지 못하며, 기저귀를 찬 채 바닥을 기어 다니는 아이, 걷거나 뛸 수는 있으나 여전히 자주 넘어지는 어린아이를 말합니다. 이제는 우리도 그에게 학습하고, 상상하고, 공감하고, 세계를 체험하는 능력이 있음을 알게 된, 바로 그런 아이입니다. 그 아이는 '이제 너는 아기가 아니야'라는 말을 듣기 이전의 아이인 만큼, 당분간 우리는 그를 '아기'로 인정하고 노는 모습을 살펴볼 겁니다.

아기의 놀이에 관한 문제는 전문가에게만 맡겨둘 일이 아닙니다. 부모는 물론이고 어린이집의 보육 교사, 육아 도우미 등 모든 이가 관심을 보여야 합니다. 즉, 머리와 가슴과 몸이 아기에게 사로잡힌 모든 이에게 관계된 일입니다. 이 책은 대단한 이론을 제시하거나 거창한 주장을 늘어놓지는 않지만, 오랜 세월 진심 어린 시선으로 아이의 놀이를 관찰하면서 얻은 깨달음을 담고 있는 일종의 현장 보고서입니다. 글은 단순하고 진솔합니다. 단순함과 진솔함은 바로 아이의 놀이를 가장 잘 표현하는 말이기도 합니다.

세상에 일밖에 모르고 놀지 않는 어른은 많지만, 놀지 않는 아이는 존재하지 않습니다! 아이가 곧 '노는 인간'이라는 사실은 아무도 부정할 수 없는 명백한 진실입니다. 그렇다면 아이는 왜 노는 걸까요? 우리는 여기서 아이가 어떻게 노는지를 다루지는 않을 겁니다. 왜냐면 '어떻게'는 문화와 환경에 따라, 그리고 아이마다 확연히 다르기 때문입니다. 하지만 '왜'는 아이가 어떤 환경에서 어떻게 자라든 변함없이 유효한 질문입니다. 어느 나라 어느 보육 시설에서든, 자기 집에서든 할머니 집에서든, 아이는 언제나 놀기 때문이죠. 아이는 과연 무엇 때문에 그토록 놀이에 열중하는 걸까요?

이 질문은 매우 중요합니다. 왜냐면 이 질문에 대한 답은 우리가 아이에게 다양한 놀이의 기회를 더욱 잘 '계획'해서 제공하게 할 뿐 아니라, 놀이를 더욱 중요시해야 하는 이유를 깨닫게 해주기 때문입니다. 그렇게 우리는 아이의 놀이를 긍정적인 시선으로 바라보고, 아이의 학습 효과를 높여주게 될 겁니다. 아이의 학습은 미래 사회의 주인공으로서 변화와 발전을 주도할 아이들의 성장과 발달에 가장 중요한 열쇠입니다.

제1장
아이는 왜 반죽 장난을 좋아할까?

아이는 손에 잡히는 것이면 무엇이든 주무르기를 좋아합니다. 부모도, 어린이집 보육 교사도, 육아 도우미도 아이들의 이런 특성을 잘 알고 있습니다. 식사 시간에 저희끼리 내버려두면 아이들은 앞에 놓인 음식을 마음껏 주무르고 나서야 입으로 가져갑니다. 그만두게 하지 않으면 먹을 생각은 아예 뒷전이고, 장난을 멈추지 않습니다. 음식을 식기와 식탁에 흩어놓고, 바닥에도 던져놓아 온통 난장판을 만들어놓습니다. 그러고는 몸을 잔뜩 구부려 고기 조각이 어디에 떨어졌는지, 감자와 당근이 어디로 굴러가는지를 지켜봅니다. 물컵이 손 닿는 곳에 있으면 아이는 엄마가 다른 곳을 보고 있는 사이에 접시에 물을 부어 음식물을 열심히 '반죽'합니다. 정성스럽게 만든 음식을 먹지 않고, 이렇게 바보짓만 하고 있는 아이를 보면 엄마는 화가 치밀어 큰 소리로 야단을 치기도 합니다! 하지만 아이는 엄마를 화나게 하려고 음식을 가지고 노는 것이 아닙니다. 어른들은 잘 모르지만, 아이는 나름대로 '탐구 활동'을 하고 있는 겁니다.

아이들은 모래 장난도 좋아합니다. 바닷가에서나 놀이터에서나 모래만 있으면 신이 나죠. 삽으로 모래를 퍼서 양동이를 가득 채웠다가, 곧바로 쏟아 버립니다. 그러고는 다시 채우기 시작합니다. 손으로 구덩이를 파기도 하고, 손가락 사이로 빠져나가는 모래를 관찰하기도 합니다. 모래를 입에 넣고 맛을 보기도 하고, 집어 먹기도 합니다. 막 돋아난 앙증맞은 치아 사이로 모래알이 서걱거리면 퉤! 뱉어내기도 합니다. 그러다가 구역질이 나면 토하며 울음을 터뜨리기도 하죠. 그러다가 이번엔 모래를 공중에 뿌립니다. 모래는 알알이 아이의 얼굴로 떨어지면서 눈에도 들어가죠. 아이는 눈을 비비지만 그럴수록 더 아파서 또 울음을 터뜨립니다. 엄마는 당황해서 어쩔 줄 모르고 화를 내기도 하죠. 하지만 아이는 바보짓을 하는 것이 아닙니다. 그렇게 자기 나름대로 이전에는 모르던 새로운 감각을 체험하고 있는 겁니다.

비가 그친 뒤에 집 밖에 나가면 여기저기 웅덩이에 빗물이 고여 있고, 때로 진흙 더미가 쌓여 있기도 합니다. 외출 길에 아이는 잡고 있던 엄마 손을 뿌리치고 쏜살같이 물웅덩이로 뛰어갑니다. 그리고 철퍼덕! 뛰어들어 온몸에 흙탕물을 뒤집어쓰죠. 엄마가 입혀준 예쁜 옷은 온통 시커먼 얼룩으로 물들어버립니다. 그러나 아이는 아랑곳하지 않고 진흙 더미를 발견하자 그 앞에 쪼그리고 앉아서 신기하기 짝이 없는 이 찐득찐득한 덩어리를 신나게 주무르며 놉니다. 손도, 옷도 진흙투성이가 되어버린 아이를 보고 화가 난 엄마가 소리를 지르면, 아이는 진흙 범벅이 된 엄지손가락을 입에 물고 겁에 질려 울먹입니다. 이쯤 되면 엄마는 혼이 쏙 빠져버립니다. 하지만 아이의 이런 태도는 엄마에게 반항하거나 엄마를 무시하는 반응이 아닙니다. 아이는 단지 이 낯선 세상을 탐색하고 있을 뿐이죠!

자, 아이가 뭔가를 만지작거리며 놀기를 이토록 좋아한다면, 아이의 마음을 헤아려주는 것이 좋지 않을까요? 그러나 아이가 음식물이나 모래, 진흙 같은 것을 가지고 노는 것을 용납할 수 없다면, 대체물을 찾아보는 것은 어떨까요? 예를 들어 소금을 넣은 밀가루 반죽 같은 것 말입니다.

아이는 체험하고, 탐구하고, 탐험하고, 발견하는 존재다

밀가루 반죽 만들기는 어렵지 않습니다. 밀가루에 소금을 많이 넣고 물을 섞어가며 반죽을 만듭니다. 그리고 조리대에 밀가루를 살짝 뿌린 다음, 반죽을 놓고 오랫동안 치대서 찰기 있게 만듭니다.

밀가루 반죽은 아이가 가장 좋아하는 장난감이 될 거예요. 이제 아이는 마음껏 반죽을 주무를 수 있고, 맛이 조금 짜긴 하겠지만 입에 넣을 수도 있습니다. 어린 고객의 마음을 더욱 강렬하게 사로잡고 싶다면, 아름다운 색을 내는 식용색소 몇 방울만 첨가하면 됩니다. 밀가루 반죽은 점토보다 부드럽고, 모래처럼 눈에 들어갈 염려도 없으며, 먹어도 탈이 나지 않습니다. 이 점이 중요합니다. 아이는 분명히 반죽을 입에 넣을 테니까요!

하지만 아이가 무엇이든 입으로 가져가는 것은 배가 고파서가 아닙니다. 그렇게 입을 통해 새롭고 흥미로운 외부 세계를 발견하고, 감각하고, 인식하는 거죠!

아이는 반죽을 주무르면서 둥글게 말아보고, 손바닥으로 쥐고 꾹! 눌러보기도 합니다. 그러다가 반죽이 손가락 사이로 삐져나오면 깜짝 놀랍니다. 주먹 안에서 사라진 둥근 반죽이 전혀 다른 모습으로 다시 나타났으니까요. 그리고 자기 손이 무언가를 변하게 하는 도구가 됐으니까요. 아이에게는 이것이 놀랄 만한 발견이겠죠? 아이는 삐져나온 밀가루 반죽을 그러모아서 다시 손바닥으로 꾹! 눌러봅니다. 신기하게도 반죽은 또 모양을 바꾸죠.

이런 과정은 아이를 즐겁게 자극하고 만족스럽게 합니다. 아이는 사물을 우선 눈으로 인식합니다. 아이의 눈은 마술사가 사라지게 했던 물건을 다시 나타나게 하듯이 손안에서 사라졌던 반죽이 다시 나타나기를 기대합니다. '반죽 덩어리가 어디로 갔지? 어디서 다시 나타날까?' 그리고 아이는 감각적으로 반죽의 촉감을 즐깁니다. 반죽은 차갑고 촉촉하며 말랑말랑하고 끈적끈적해서 손가락과 손등, 팔에도 들러붙습니다. '손바닥에 달라붙은 반죽을 어떻게 뗄까?' 아이는 양손의 손바닥을 비벼봅니다. 그러면 반죽은 작은 알갱이들로 변해 우수수 떨어집니다. '와! 놀라워!' 아이가 알갱이들을 그러모으자 서로 들러붙어서 반죽은 원래의 둥근 공 모양으로 돌아갑니다. 정말 위대한 발견입니다! '반죽'이란 녀석은 나뉘고 늘어나더니 감쪽같이 원래의 모습대로 되었습니다! 아이는 반죽을 상대로 모든 과정을 다시 반복해봅니다. 뜯어내고, 가르고, 잘게 부수고, 조각내고, 흩어놓습니다. 그러다가 몇 조각을 입에 집어넣습니다. 아이가 입으로 들어간 반죽 조각들을 꿀꺽 삼킨다면 그것은 영영 사라질 겁니다. 하지만 듬뿍 넣은 소금 때문에 너무 짠 반죽을 아이는 삼키지 않고 퉤퉤! 뱉어버립니다. 침과 섞인 반죽이 아이의 입에서 줄줄 흘러내립니다!

아이는 흩어진 반죽 알갱이들을 무척 세심하게 그러모읍니다. 제일 작은 알갱이가 가장 마음에 든 아이는 그것을 집으려고 안간힘을 씁니다. 하지만 부스러기처럼 작은 알갱이를 손가락으로 집기는 쉽지 않습니다. 아이는 온 정성을 쏟으면서 엄청난 집중력으로 정교하게, 엄지와 검지를 모아 보일락 말락 작은 알갱이를 기어이 집어냅니다. 그토록 애쓰던 것을 이루었을 때 아이가 느끼는 기쁨이란! 그렇게 모은 반죽 알갱이를 주물러서 다른 형태로 다시 태어나게 하면서 아이는 또 한 번 기쁨을 느낍니다.

반죽이 어떤 모양이 되든지 아이에게는 불가사의한 일입니다. 이번에는 반죽에 구멍을 낸 다음, 이런저런 물건을 꽂아봅니다. 그러자 놀라운 일이 벌어집니다. 반죽에 꽂힌 물건은 넘어지지 않고 꼿꼿이 서 있습니다. 이렇게 아이는 지금 놀고 있습니다. 체험하고, 탐구하고, 탐험하고, 발견합니다. 상상하고, 가공하고, 설치하고, 창조합니다. 이 모두가 마음껏 주무르고 변형할 수 있는 재료, 밀가루 반죽 덕분입니다.

이렇게 반죽 놀이에 열중한 아이를 지켜보는 부모나 어린이집 교사는 어떤 생각을 할까요? 뜻밖에도 어른인 우리도 말랑말랑한 반죽을 가지고 이런저런 장난을 하고 싶어집니다. 아이가 워낙 재미있게 반죽을 조몰락거리니 호기심도 생기고, 원래 우리도 손으로 뭔가 만드는 것을 좋아하기 때문일 겁니다. 우리는 선뜻 반죽을 집어 듭니다. 솜씨 좋은 우리 두 손이 반죽을 이리저리 굴리는가 싶더니, 흠 하나 없이 매끈매끈하고 완벽한 형태의 밀가루 공을 뚝딱 빚어냅니다. 어느새 반죽 놀이에 깊이 빠진 우리는 순식간에 개, 고양이, 새, 코끼리, 뱀을 빚더니…… 아예 동물원을 만들어내기도 합니다. 반죽에 손대기 전까지는 짐작조차 할 수 없었던 폭발적인 창조의 열정이 우리를 사로잡은 거죠.

그런데 그 순간 아이가 반죽 장난을 멈춥니다. 우리 손놀림과 작품에 압도되어 눈을 떼지 못하던 아이가 졸라댑니다. "엄마, 바구니 만들어줘!" "야옹이, 멍멍이도 만들어줘!" 아이는 조금 전까지 자기가 무엇을 하고 있었는지 까맣게 잊어버립니다. 반죽하고 주무르는 놀이의 재미도 잊고, 알갱이들로 변했다가 다시 덩어리가 되는 놀라운 마술도 잊습니다. 이제 아이는 우리가 빚어내는 갖가지 형상에만 몰두합니다. 그도 그럴 것이, 어른의 손에서는 자기가 감히 흉내 낼 수 없는 완성도 높고 매력적인 작품이 탄생하기 때문이죠. 아이는 점점 복잡하고 까다로운 것을 만들어내라고 조릅니다. 그러면 우리는 아이의 주문대로 예술적인 상상력을 발휘합니다. 정확히 표현하자면, 우리가 미술 시간에 배웠던 빈약한 지식을 총동원하는 거죠. 아이는 선물을 기다리듯이 우리의 능력과 애정의 증거물인 반죽 작품이 나오기를 고대합니다.

어른이 개입하기 전에 아이는 밀가루 반죽을 가지고 놀면서 세상에 존재하는 몇몇 물리적 법칙을 깨달아가는 중이었습니다. 하지만 이제는 주인공 역할을 내주고, 조바심하는 관객이 되어 어른들이 하는 모습을 바라보는 처지가 되었습니다. 게다가 어른처럼 잘해내지 못하는 자신에게 불만을 느끼고, 불평을 늘어놓기까지 합니다. 이제 무대에 서 있는 주인공은 아이가 아니라 어른입니다. 마음껏 가지고 놀라며 아이에게 밀가루 반죽을 만들어주고는 어른이 그 놀이를 주도하고 있는 겁니다. 그런데 우리는 어떤 사람들입니까? 규칙을 정하고, 강요하고, 금지하는 데 이골이 난 사람들이 아니던가요? 반죽을 입에 넣지 마라! 반죽으로 어질러놓지 마라! 반죽을 던지거나 버리지 마라! 남에게 보여주고 자랑할 수 있게 반죽으로 제대로 된 물건을 만들어라! 한마디로 반죽을 가지고 장난치지 마라!

세심하게 관찰하지 않으면, 아이의 행동은 분별없이 말썽만 부리는 것처럼 보일 수도 있습니다. 대부분 부모는 아이가 아무것이나 입에 넣고, 바보짓으로 화를 돋우며, 하지 말라는 짓만 골라 한다고 생각합니다. 자기 아이를 그렇게만 생각한다면, 밀가루 반죽을 가지고 놀지 못하게 하고, 직접 멋진 것을 만들어 보여주기만 하세요. 그러면 아이는 부모가 시키는 대로만 하는 얌전하고 착실한 인간으로 자랄 겁니다. 하지만 다시 생각해보세요! 그러다 보면 정말 중요한 것을 놓치지 않을까요? 아이가 진정 무엇을 하는지, 왜 그렇게 할 수밖에 없는지를 영영 모르게 되지 않을까요?

아이의 감각 능력이 인지를 발달시킨다

아이는 처음 보는 물건이나 음식, 밀가루 반죽 같은 재료의 성질을 알기 위해 손과 입을 사용합니다. 아이에게 입은 제2의 손이자 세상을 발견하게 해 주는 도구입니다. 물론 '제2'라는 순위 역시 어른이 정했을 뿐, 아이에게는 입이 제1일지도 모릅니다. '아이는 자기를 둘러싼 온 세상을 입에 넣으려 한다'고 말하는 사람이 있을 정도로 아이는 모든 것을 입으로 가져갑니다. 단단하고, 부드럽고, 끈끈하고, 물렁물렁하고, 오톨도톨하고, 매끈매끈하고, 축축하고, 건조한 느낌 등을 태어나면서부터, 아니 엄마 배 속에 있을 때부터 예민한 감각으로 탐색합니다. 어른들은 오감을 상황에 맞춰서 사용하지만, 즉 보기 위해 시각을, 맛보기 위해 미각을, 감촉을 알고 싶을 때 촉각을, 냄새가 궁금하면 후각을, 듣기 위해 청각을 사용하지만, 아이는 자기 앞에 놓인 것이 무엇인지를 판단하는 데 모든 감각을 한꺼번에 사용합니다. 다시 말해 감각 사이에 우선순위를 두지 않기에 각각의 감각은 동등한 가치를 지닙니다. 그렇게 해서 아이는 세상에 대한 지식을 빨리 터득하죠. 아이에게는 세상을 이해하는 데 손이나 입이 똑같이 적합한 도구인 거죠.

아이의 인지는 감각 능력을 사용하여 하나에서 열까지 체험하는 방식으로 발달합니다. 아이가 손에 달라붙은 반죽을 떼어내려고 손을 터는 동작을 하는 것은 반죽이 손가락에 들러붙는다는 사실을 알아차렸기 때문입니다. 반죽을 떼어내는 과정에서 그것이 작게 나뉜다는 사실도 알게 된 아이는 그 작은 알갱이들을 한데 모으면서 그것들이 서로 달라붙는 것은 반죽의 끈끈한 성질 덕분이라는 것도 알게 됩니다. 이처럼 아이는 놀면서 물질의 중요한 특징을 발견합니다. 마찬가지로 반죽을 입에 넣고 빨다가 다시 뱉어내면 반죽이 변한다는 것도 알게 됩니다. 몇 번이고 같은 실험을 반복하면서, 어떤 행동을 하면 나중에 어떤 결과가 나온다는 인과관계의 개념까지도 터득하게 됩니다.

'어떤 한계도 두지 말고, 무엇이든 시도할 것!' 이것이 바로 아이가 이 세상을 탐사하는 원칙입니다. 이렇게 얻은 작은 경험들을 선별하고 정확히 판단해서 교훈을 이끌어내죠. 학습하도록 프로그래밍된 존재인 아이는 배우기 위해 먼저 행동하고, 하나하나 체험합니다. 설령 밀가루 반죽이 없더라도 아이는 음식물로든, 흙으로든, 모래로든 체험할 것을 체험하고, 학습할 것을 학습하고야 맙니다. 그러니 비위생적이거나 위험한 흙이나 모래를 대체하는 밀가루 반죽 같은 재료는 아이가 금지된 장난을 마음껏 하게 해주는, 꼭 필요하고 유익한 도구입니다

온몸으로 세상을 탐험하고 탐구하는 아이의 창조적 상상력에는 한계가 없습니다. 아이에게 탐구의 원칙은 '선(先) 행동, 후(後) 탐구'입니다. 아이는 먼저 탐구하고 나서 그 결과에 따라 행동하는 것이 아니라, 언제나 충동적으로 먼저 행동합니다. 충동은 아이를 더 멀리, 더 높이, 더 힘차게 나아가게 하는 동력입니다. 미리 생각하지 않고, 대담하게 행동함으로써 배우는 거죠. '식탁보에 뚫린 저 조그만 구멍으로 밀가루 반죽을 밀어 넣으면 어떻게 될까?'라고 생각하는 것은 아이의 학습 방식이 아닙니다. 구멍을 보면, 충동적으로 반죽을 밀어 넣고 난 다음에 생각하는 것이 아이의 학습 방식입니다. '밀가루 반죽은 물렁물렁해서 구멍에 밀어넣으니 쏙 들어간다. 내 입속에 들어간 것과 똑같아. 다른 데에도 넣어볼까? 콧구멍은 어떨까?' 아이는 곧바로 콧구멍에 반죽을 밀어 넣습니다. 다른 호기심거리가 생기거나 다른 실험을 하고 싶어질 때까지 이런 장난을 계속하는 거죠.

아이는 외부의 어떤 자극도 거부하지 않습니다. 아이의 이런 특성 때문에 사람들은 아이가 한 가지 일에 오래 집중하지 못한다고들 하죠. 그렇습니다. 아이는 온갖 대상에 신경을 쓰다 보니 관심을 집중한 대상에 금

세 흥미를 잃습니다. 더 정확히 말하면, 관심을 끊임없이 다른 데로 돌리는 겁니다. 하지만 어른이 생각하고 계획한 대로 아이의 놀이를 지정하거나 주도한다면, 다시 말해 아이가 스스로 탐구할 수 없다면, 집중력은 그만큼 약해지게 마련입니다. 아이가 마음대로 놀 수 있는 자유와 스스로 놀이를 창조하고 탐험하기에 적합한 환경, 이 두 가지를 갖춰주면 아이는 몇 시간이고 놀이를 계속할 수도 있습니다.

　　아이에게 무언가를 보여주거나 가르치기 위해 놀이를 수단으로 이용한다면, 그런 의도는 성공하기 어렵습니다. 그보다는 거꾸로 생각해야 합니다. 탐험할 여지가 충분한 놀이 도구들을 주고, 마음대로 가지고 놀게 해주면 아이는 더 잘 배울 수 있습니다. 놀이를 시작할 때에는 무엇을 배우게 될지 짐작할 수 없기에, 눈앞의 재미만 있을 뿐 제대로 된 목표가 없다고 생각할 수도 있습니다. 하지만 아이가 놀이를 좋아할수록, 그 놀이를 통해 많은 것을 배우게 됩니다.

아이에게 유익한 흔적을 남겨라

우리 어른들은 종종 아이의 자리를 차지하고 놀이를 주도합니다. 놀이의 내용과 순서를 일일이 정해주기도 하고, 학습에 유용한 방향으로 아이의 관심을 돌리기도 합니다. 그러나 그 전에 아이를 충분히 관찰하거나 아이 스스로 무엇을 할 수 있는지 알아보려는 노력을 기울이지는 않습니다. 그렇게 어른들은 어린 탐험가의 날개를 꺾어버리곤 합니다. 청소년기에 접어든 아이들이 단체 놀이를 할 때에는 놀이의 규칙이 필요할지 모르지만,

유아기의 아이들에게 놀이의 종류와 규칙을 강제하고 강요한다는 것은 비상식적인 일입니다.

발달단계에서 볼 때 언어를 사용하기 이전 아이의 사고 영역, 행동양식, 학습 능력은 다른 연령대와 달리 매우 독특합니다. 이 시기의 아이에게는 놀이의 규칙을 지키는 데 필요한 어떤 능력도 없습니다. 밀가루 반죽을 가지고 노는 데 일정한 규칙과 지시에 따라야 한다면, 이를테면 식탁 앞에 얌전히 앉아 있어야 하고, 정해진 형태를 만들거나 틀로 찍어내야 한다면, 이는 감각운동기[1]의 아이에게 전혀 맞지 않습니다.

마찬가지로 어른이 반죽으로 완성된 형태를 만들어 보여주는 것도 아이에게는 '그것과 똑같은 것을 만들 수 없다'는 무능함을 일깨워줄 뿐이며 아이를 어른의 선물만을 기다리는 수동적인 상태에 놓이게 합니다. 아이가 스스로 행동하지 않는다면, 과연 무엇을 배울 수 있을까요? 아이는 부산하게 움직여야 합니다. 식탁보를 들추고 그 밑에 무엇이 있는지를 호기심 어린 시선으로 들여다봐야 합니다. 바닥에 떨어진 밀가루 반죽 부스러기를 연구해야 합니다. 어른이 보기에 쓸모없는 것들을 찾아 나서야 합니다. 아이를 위한 놀이 규칙은 따로 없습니다. 그때그때 아이가 스스로 규칙을 만들기 때문입니다.

물론 아이는 모방을 통해서도 배웁니다. 그러려면 아이가 관찰한 것과 그것을 따라 할 수 있는 능력, 따라 하고 싶은 욕구 사이의 편차가 모방이 가능할 만큼 적어야 합니다. 자기보다 나이가 조금 더 많은 아이와 놀

---

1) sensorimotor stage: 스위스의 발달심리학자인 장 피아제(Jean Piaget, 1896~1980)는 인간의 인지 발달이 네 단계를 통해 이루어진다고 보았다. 0~2세 아이는 감각운동기에 속하는데, 이 시기 아이의 모든 지각 방식은 감각과 행동을 통해 일어나는 것이 특징이다. 옮긴이 주.

때가 그런 경우지만, 어른과 놀 때에는 대부분 그러지 못합니다. 부모와 아이가 나란히 앉아 정서적인 교감을 나누고, 서로 호응하고, 수평적인 유대감이 형성된 분위기에서 똑같은 놀이를 한다면 가능할지도 모르겠습니다. 하지만 오로지 손가락 사이로 빠져나오는 모습을 보겠다고 밀가루 반죽을 주무르고 눌러보는 어른은 사실상 찾아보기 어렵습니다. 오로지 말랑말랑한 감촉을 즐기고 싶어서 반죽을 주무르는 어른도 상상하기 어렵죠. 소금을 듬뿍 넣어 몹시 짜다는 것을 잘 알고 있으면서 밀가루 반죽을 입에 넣고 맛보는 어른도 흔하지 않습니다.

어른의 뇌는 아이의 뇌와 달라서 아이처럼 생각할 수 없고, 어른도 유아기를 거쳐왔지만 기억하지 못합니다. 대부분 그 시기의 기억을 상실했기 때문이죠. 그리고 대상을 머릿속에 그리는 방식을 그 나름대로 터득했기에 무의식적으로 아이에게도 그 방식을 강요합니다. 하지만 유아기의 아이는 어른이 잊어버린 바로 그 방법으로 세상을 지각하고, 그의 수단은 현재 어른의 수단과 다릅니다. 어른 자신도 유아기에 그랬듯이 아이는 감각과 행동으로 탐색합니다. 따라서 행동하려는 아이의 욕구를 억압하지 말고 자유롭게 탐험하게 해줘야 합니다. 더 중요한 것은 이런 모험을 가장 잘할 수 있는 환경을 만들어주는 일이죠. 그리고 어른은 무엇보다도 아이의 안전을 지켜줘야 합니다. 위험한 행동을 하지 않도록 분명하게 일러줘야 하죠. 그러면서도 아이가 적절한 방법으로 모험할 수 있게 도와야 합니다. 예를 들어 아이가 밀가루 반죽을 맛보는 것은 좋지만, 큰 덩어리를 삼키다가 질식할 위험에 빠지게 해서는 안 되겠죠.

어른이 할 수 있는 중요한 역할은 또 있습니다. 아이가 듣고 보는 어른의 말과 태도는 아이가 세상을 탐구하는 데 큰 도움을 줍니다. 아직 성숙하지 않은 아이에게 직접 지식을 전달하고, 방향을 제시하기는 어렵지만, 아이의 행동을 관찰하고 아이가 노는 모습을 보고 느낀 바를 자상하게 이야기하며 관심을 보이면, 다시 말해 인지적·정서적 지지를 분명히 표출하면, 아이의 기억에 깊이 새겨져 언제든지 쉽게 꺼내 볼 수 있게 됩니다. 어른과 함께한 '소중한 순간의 공유', '애정과 학습의 행복하고 순간적인 만남'이 이루어진다고 할까요? 아이가 어떤 일을 이루었을 때, 우리가 관심을 보이며 '참 잘했구나'라고 칭찬해준다면, 예를 들어 "이 반죽 알갱이를 손가락으로 집다니 참 대단하구나!"라고 감탄하며 감정을 표출하면, 아이의 학습 효과는 더욱 커집니다. 어른이 아낌없이 신뢰를 보일 때, 아이도 자신을 신뢰할 수 있게 됩니다. 아이가 무언가를 진지하게 시도할 때, 그것이 '아이의 인생에서 중대한 행동'이라는 가치를 부여해주는 것이 중요합니다. 그러면 아이가 반죽 부스러기를 집어서 반죽 덩어리에 합쳐놓았을 때, 우리는 아이와 함께 그 부스러기가 마침내 완성된 반죽 덩어리의 한 부분이 되었다는 생각을 아이와 함께 나눌 수 있게 됩니다.

아이를 긍정적으로 대하고, 아이가 자기 행동을 돌아보게 함으로써 우리는 아이를 학습에 도움이 되는 방향으로 이끌 수 있습니다. 우리가 남기게 될 이 '유익'한 흔적이 아이의 인지 발달을 부추깁니다. 이 시기의 아이에게 적합한 교육적인 자세가 어떤 것인지를 이해한다면, 우리는 관대하고 신뢰감이 어린 시선으로 아이가 탐구에 쏟는 열정과 거기서 얻는 기쁨을 온전히 누릴 수 있게 해줄 수 있습니다.

밀가루 반죽, 흙, 모래 또는 다른 재료들을 주무르는 반죽 놀이는 아이에게 진정한 모험, 진정한 창조의 과정입니다. 이런 놀이를 통해 아이는 스스로 인지능력을 발달시키고, 또 세상과 사물에 대해 배우게 됩니다. 그러고 보면, 아이의 학습 효과를 높이는 가능성은 어른에게 달렸습니다.

　　아이가 때로 어리석은 짓을 하고, 크고 작은 사고를 저지르며 노는 것은 결코 엄마나 아빠, 혹은 보육 교사를 화나게 하기 위해서도 아니고, 어른들 인내심의 한계를 시험하기 위해서도 아닙니다. 결과적으로 그렇게 될 때가 흔하긴 하지만, 아이는 놀 때 일부러 허튼짓을 하는 것은 아닙니다. 그것은 아이가 어리기 때문이고, 또 엉뚱한 짓을 하는 것은 아이의 특성이기도 합니다. 우리가 누누이 경고해도, 잠깐 고개를 돌린 사이에 일을 저지른다고 생각한다면, 그것은 오해입니다. 식탁에 앉아서는 밥을 안 먹겠다고 심통을 부려서 엄마의 성질을 돋우긴 해도, 먹어서는 안 될 것만 먹으려고 궁리하는 것도 아닙니다. 아이의 속마음을 들여다봐야 합니다. 아이는 지금 낯선 별나라에 있습니다. 자기가 머물고 있는 이 별나라가 대체 어떻게 돌아가고 있는지를 서둘러 파악해야 할 절박한 상황에 놓여 있는 겁니다. 그래서 모든 위험을 무릅쓰고 이 별나라에서 살아남기 위해 배워야 할 것들을 있는 힘을 다해 배우고 있는 겁니다. 만약 아이가 자유롭게 의사 표현을 할 수 있다면, 아마도 우리에게 부디 이 점을 이해해달라고 간절하게 사정할지도 모릅니다.

제2장
아이는 왜 종이 상자를 가지고 놀까?

부모라면 누구나 한 번쯤 아이에게 무언가를 선물하면서 이런 경험을 했을 겁니다. 아이에게 장난감을 선물했더니, 잠깐 가지고 놀다가 곧바로 던져버리고는 그 장난감을 포장했던 종이 상자와 노끈, 포장지를 가지고 노는 겁니다. 대체 아이의 머릿속에서는 무슨 일이 일어난 걸까요? 아이는 왜 그토록 원하는 것 같았던 장난감을 마다하고 하찮은 종이 상자 따위에 마음이 끌리는 걸까요?

게다가 이 장난감은 '올해 최고의 선물'로 선정되어 신문과 방송에서도 격찬한 고가품이었죠. 장난감 가게 점원도 아이의 연령대와 발달 수준에 적합하다고 했고, 요즘 제일 잘나가는 '필수 아이템'이라며 자신 있게 권했습니다. 제품 설명서에는 '다양한 색상과 소리와 형태를 배우게 해줌으로써 아이의 능력을 혁신적으로 계발하며 아이가 색을 감지하고 구분하는 능력을 발달시키고, 음악에 대한 감각을 길러준다'고 했습니다. 그런데 아이는 선물을 받은 지 불과 10분도 되기 전에 이 놀라운 장난감을 던져버렸습니다. 그 하찮은 포장 상자 때문에 말입니다. 우리가 잘못 생각한 걸까요? 점원이 우리를 속인 걸까요? 아니요, 그럴 리가 없죠! 장난감은 품질도 탁월하고, 아이가 가지고 싶어 했던 것도 분명하니, 우리가 속았을 리 없습니다! 우리는 이 장난감의 장점들을 충분히 읽고, 듣고, 확인할 기회가 있었습니다. 그래서 이 장난감이 아이의 기대와 놀고 싶은 욕구를 당연히 충족해주리라 믿었던 겁니다.

그러나 '아이의 욕구를 충족한다'는 바로 그 말이 우리를 함정에 빠뜨렸습니다. 그 말은 우리를 설득하려는 전형적인 수단으로, 오늘날 장난감 판매 업체들은 이를 근거로 첨단 기술을 더 적용하고, 더 다양한 종류와 형태의 더 많은 상품을 내놓고 있습니다. 그런데 욕구와 만족 사이에 아무런 인과관계가 없다면, 그 점을 근거로 선물을 고르는 행위는 어리석지 않을까요? 우선 욕구는 한 가지의 형태로 표출되지도 않을뿐더러, 욕구가 채워졌다고 해서 그것으로 모든 것이 끝나는 것도 아닙니다. 달리 말하자면, 인간은 자신의 욕구를 끊임없이 사회화하고, 욕구의 대상 역시 계속 옮겨 갑니다. 욕구는 그 욕구의 주체가 속한 사회와 문화가 변화함에 따라 끝없이 변화합니다. 게다가 그 변화의 속도는 점점 빨라지고 있죠.

인간은 욕구로 채워진 존재이고, 결핍은 인간의 특징입니다. 어찌보면 인간의 모든 행위는 결핍을 채우려는 시도라고 말할 수 있을 겁니다. 그래서 욕구는 삶의 원동력이며, 사람의 내면과 외부 세계, 개인과 사회 사이의 끊임없는 교류를 통해, 그리고 교류를 위해 생겨납니다. 동물에게는 유일하고 변함없는 생존 욕구밖에 없지만, 인간의 본성은 상징물을 소유하고 싶은 욕구와 기본적인 생존 욕구를 초월하려는 의지로 이루어져 있습니다.

동물과 달리 인간의 욕구는 매우 다양하고, 완전히 채워지지 않은 채 끊임없이 대상을 옮겨 다닙니다. 한 아이가 다른 아이의 장난감 자동차를 탐낼 때 그 아이가 채우고 싶어 하는 결핍은 과연 어떤 결핍일까요? 그 아이는 단지 장난감 자동차를 가지고 싶은 것일까요? 아니면 다른 아이가 자동차를 가지고 놀며 느끼는 즐거움을 제 것으로 만들고 싶은 것일까요? 혹시 아이에게 자동차는 다른 무언가를 의미하는 것은 아닐까요?

인간이 욕구를 느끼는 이유는 그 이면에 욕망, 즉 결핍이 있기 때문입니다. 그리고 결핍은 우리가 기대하는 만족감이나 욕구불만의 표현이죠. 그 표현은 매우 불확실하고, 다른 대상으로 옮겨 가기도 하며, 끝없이 변하고 다의적입니다. 그래서 욕망은 결핍을 채우고자 지속적으로 욕구를 만들어내고, 그것이 끊임없이 우리에게 전달되는 겁니다. 다시 말해 인간의 욕구는 늘 구체적인 대상을 찾아 헤매는 욕망으로 구성되어 있습니다. 무언가 결핍되었다는 느낌은 대상을 찾는 과정에서 승화되고 전이되며, 명확하게 드러나지 않는, 일종의 자극적인 감정이 됩니다. 삶에 대한 의지도, 다른 사람들과의 교류도, 소통을 위한 언어 사용도 모두 이 만족할 줄 모르는 욕망 덕분에 유지됩니다. 목적을 달성하기 위해서는 자기 생각을 이해시켜야 하니까요!

이처럼 욕망이기도 한 욕구는 인간의 실존적 현실입니다. 그리고 이 현실은 무한을 추구하지만 불완전한 존재인 인간에게 끝없이 실망을 안겨줍니다. 따라서 욕구는 충족되어야 한다는 당위적인 과제로서가 아니라 오히려 인간이 사회성을 기르고 사회적인 유대 관계를 형성하는 데 기여하는 기반으로서의 기능이 더욱 중요합니다.

아이의 욕구를 채워주는 것이 교육의 궁극적인 목적이 될 수는 없습니다. 겉으로 드러난 욕구 이면에 숨어 있는 아이의 욕망에 주목하고, 지켜보고, 이해하고, 북돋우는 것이 아이를 좀 더 높은 단계로 이끄는 것, 그것이 바로 교육입니다. 아이는 생명력과 욕망으로 가득한 존재입니다. '욕망하는 자는 나이가 몇 살인지, 키가 얼마인지, 어디에 있는지 알지 못한다. 그가 아는 것은 오직 자신이 살아 있다는 것과 욕망이 사라지면 산송장에 불과하리라는 사실이다'라는 말처럼.[2]

---

2) 소피 셰레(Sophie Chérer), 『나의 돌토(*Ma Dolto*)』, Stock, Paris, 2010.

아이는 스스로 놀이를 만든다

장난감 가게에서 산 장난감은 잠시 아이의 결핍을 채워주지만, 아이의 욕망은 곧바로 다른 대상으로 옮겨 갑니다. 그러니 아이가 비싼 장난감을 제쳐두고 종이 상자, 노끈, 포장지 따위를 가지고 노는 것은 당연한 일입니다. 이런 것들을 가지고 놀면서 아이는 창조하고, 상상하고, 탐험하고, 발명하고, 배웁니다. 그러니 아이에게는 장난감보다 종이 상자가 더 소중할 수밖에 없습니다. 장난감 우주선이나 자동차, 로봇을 다른 것으로 만들기는 쉽지 않죠. 만든 사람이 의도한 대로 몇 번 조작하고 나면, 그 장난감으로 더는 할 수 있는 것이 없습니다.

아이는 놀이를 스스로 만들어냅니다. 상상을 실제 행동으로 옮기는 것은 놀이에서 매우 중요합니다. 자기가 가진 물건으로 무언가 다른 것을 만들 수 있어야 합니다. 상상할 수 있는 여지가 많은 단순한 물건일수록 아이에게는 무언가를 만들어낼 기회가 되고, 관심의 대상이 될 자격이 있습니다. 지나치게 잘 만든 장난감에는 상상의 여지가 남아 있지 않습니다. 그런 장난감은 아이를 좁은 틀 안에 가두고, 아직 어린 발명가이자 창조자인 아이의 사고를 경직시킵니다.

장난감을 자기 마음대로 바꿔서 다른 것으로 만들어낼 수 있을 때 아이는 기쁨을 느끼고, 깊이 생각할 기회를 얻습니다. 퍼즐 맞추기도 흥미로운 놀이가 될 수 있습니다. 각각의 퍼즐 조각을 독립된 존재로 보고, 정해진 자리에 끼워 맞추는 대신 다른 방식으로 놀 수 있습니다. 퍼즐 조각이 자동차 모양이라면 탁자 위나 방바닥을 달리게 할 수 있고, 자동차 경주를 할 수도 있으며, 여러 개의 퍼즐 조각을 나란히 세워 주차장에 길게 늘어선

차들로 연출할 수도 있습니다. 부모나 선생님이 아이에게 엉뚱한 짓을 한다며 "이제 그만 놀고 일어나!"라고 말하여 자유로운 상상의 날개를 꺾어놓지만 않는다면 아이는 놀이를 통해 성장을 계속합니다. 그러나 우리는 아이의 놀이를 잘 짜인 규칙대로 해야 하는 일과처럼 여겨서 정해진 시간에 끝내고, 정리하고, 원칙을 따르고, 성과도 내야 한다고 믿습니다. 이처럼 대부분 어른에게 놀이의 목적은 순수한 즐거움이 아니라 오로지 실용적인 결과에 있을 뿐입니다!

실제로 종이 상자와 노끈, 포장지에는 어른의 계획이 조금도 들어 있지 않습니다. 실패나 성공, 목표나 능력 배양에 대한 기대도 포함되어 있지 않습니다. 그러나 이 하찮은 사물들이 아이에게 제공하는 것은 마음껏 놀 수 있는 자유와 즐거움, 아이가 스스로 자기 세계를 만들 가능성입니다.

아이는 노끈의 한쪽 끄트머리를 잡고 사방으로 빙빙 돌립니다. 신기하게도 나머지 한쪽 끝도 그 움직임을 따릅니다. 노끈은 회전하고 얽히며 궤적을 그립니다. 아이는 하늘에 연을 날리듯 방바닥에 노끈을 날립니다. 아이는 노끈으로 자기 마음대로 부릴 수 있는 뱀도 만들고, 노끈이 말잘 듣는 강아지처럼 졸졸 따라다니는 것을 보고 흐뭇해합니다. 이번에는 노끈으로 좁은 길을 만들고 그 길을 따라 걷습니다. 아이는 발이 길 밖으로 나가지 않도록 조심합니다. 왜냐면 노끈 길 바로 옆은 강이고, 거기에는 악어가 우글거리기 때문입니다! 노끈은 다시 미로로 변합니다. 아이는 미로를 따라가다가 출구에 다다릅니다. 그렇습니다. 아이는 상상 속에서 새로운 세상을 만들었습니다. 그리고 그 세상은 온전히 아이의 것입니다.

허섭스레기 상자가 아이의 상상력을 기른다

어느 날 아침, 어린이집 .

　　방 안에는 연극 의상과 소품, 종이 상자 등이 놓여 있습니다. 두 아이가 여러 개의 상자를 방 한쪽 구석에 가져다 놓고는 낡은 셔츠와 신발, 모자, 가방 따위로 열심히 상자를 채우고 있습니다. '상자 채우기 놀이'를 하며 놀고 있는 겁니다. 아이들은 옷가지가 들어 있는 커다란 가방과 상자 사이를 부지런히 오가고 있습니다. 그러다가 의상과 소품으로 가득 채운 상자 속으로 비집고 들어가 폭 파묻히기도 합니다. 호기심을 느낀 친구들이 함께 놀려고 다가왔지만, 두 아이는 곧바로 밀쳐냅니다. 그들은 상자들이 놓여 있는 구석을 차지하기로 마음먹은 듯합니다. 선생님은 두 아이에게 나중에라도 다른 친구들과 함께 노는 것이 어떻겠느냐고 말합니다. 선생님은 두 아이가 구석 공간을 '개인적으로 소유'했다는 사실을 알게 되었습니다.

　　그런데 갑자기 둘 중 한 아이가 상자를 뒤집어놓고 북처럼 힘차게 두드립니다. 그러자 다른 아이도 뒤질세라 상자를 뒤집어놓고 두들기기 시작합니다. 두 아이는 한참을 공들여 모아놓은 옷가지들을 미련 없이 던져버리고, 리듬에 맞춰 신나게 상자를 두드립니다. 아이들의 연주가 흥을 돋우자, 지켜보던 선생님도 손바닥으로 리듬을 맞추고 다른 아이들도 모여들어 손을 맞잡고 춤을 춥니다. 북소리가 멈추자 아이들은 춤을 멈추고 손뼉을 치며 계속 북을 치라고 소리칩니다. 두 아이는 손뼉과 환호에 맞춰 북을 치고, 아이들은 점점 더 늘어나 방 안은 온통 춤과 연주와 환호와 열기로 가득합니다. 한 걸음 물러나 있던 선생님도 아이들과 함께 어울려 즐겹게 놉니다. 이것은 선생님이 계획하고 준비한 놀이가 아니라 아이들이 자발적으로 자연스럽게 시작한 놀이입니다. 아이들이 스스로 놀이를 만들고, 느끼고, 체험하는 모습을 바라보는 것은 어른에게도 큰 기쁨입니다!

신나게 춤추던 아이들이 하나둘 방을 나가 마당으로 뛰어갑니다. 북소리도 그쳤습니다. 북을 치던 두 아이는 연주를 끝내고 둘만의 포근한 '종이 상자 보금자리' 속으로 파고들었습니다. 그런데 어찌 된 일일까요? 북소리가 계속 들려옵니다. 춤추던 아이 몇 명이 옆방으로 가서 연주를 시작한 겁니다. 아이들은 빈 통을 뒤집어놓고 기다란 플라스틱 주걱을 북채 삼아 두드립니다. 진짜 콘서트가 시작된 거죠! 아주 어린 아이들은 연주를 듣고, 조금 큰 아이들은 손뼉을 치며 박자를 맞추거나 물병으로 바닥을 두드립니다. 이 아이들은 다른 친구가 시작한 '실험'을 다른 방에서 계속한 겁니다. 아이들은 무슨 놀이를 한 걸까요? 헌 옷가지와 종이 상자, 그리고 빈 통으로 무엇을 만들어낸 걸까요?

이 어린이집 선생님은 아이들에게 운동, 상징, 조작 놀이를 하게 했습니다. 선생님이 아이들에게 준 것은 종이 상자, 빈 통, 플라스틱 주걱, 오래된 셔츠와 낡은 가방, 신발이었습니다. 그런데 아이들은 이 하찮은 물건들을 가지고 함께 노는 법을 배우고, 스스로 놀이를 만들었으며, 충분히 소통하고 함께 배웠습니다. 서로 뜻을 맞추고, 친구가 되고, 들어주고, 참여하는 법을 배웠습니다. 아이들은 소리와 춤을 만들어냈고, 여러 가지 재미있는 시도를 했습니다. 무엇보다 중요한 것은 스스로 즐거움을 만들어내고, 그것을 나누고, 퍼뜨리는 방법을 터득했다는 사실입니다.

이 모든 것이 훌륭한 완제품 장난감이 아니라 잡동사니 물건들 덕분에 가능했습니다. 특별한 개성도 의미도 없는 단순하고 일상적인 물건들이지만, 그래서 오히려 아이 각자의 상상 세계에 맞춰 얼마든지 변할 수 있었던 거죠. 아이들은 현실 세계에서 약간의 생명력을 불어넣을 때마다 늘 새로운 모습으로 재탄생할 수 있는 물건을 찾아 끊임없이 새로운 놀이를 만들어냅니다. 집을 만들고, 그 집을 살림살이로 채우고, 거기서 세상의 위험을 피하고, 자신과 비슷한 사람들과 함께하며 안심합니다. 잔치를 벌여 다른 사람과 어울리고, 음악과 감각적인 기쁨에 몸을 맡기고, 감동을 나누며 즐깁니다.

그렇다고 해서 아이들이 자기끼리만 노는 것은 아닙니다. 교사나 부모의 역할이 아이가 상상력을 구현하는 데 적합한 재료와 물건, 놀이 도구를 제공하는 정도에서 그칠 수는 없겠죠. 다행스럽게도 포장지와 노끈, 종이 상자가 딸린 장난감을 선물했을 때에도 어른이 할 수 있는 일은 있습니다. 아이는 놀면서 학습하고 성장하는데, 혼자가 아니라 누군가와 함께 놉니다. 아이가 마음대로 써나가는 이 시나리오는 어른이 반응할 때 더 완성도 높고 의미 있는 작품이 됩니다. 어른도 아이의 놀이에 관심이 있고, 아이를 이해한다는 것을 보여주고, 거기에 자기가 받은 감동과 서로에게서 읽을 수 있는 감동을 더하는 거죠.

어른 생각대로 아이를 이끌어서는 안 됩니다. 아이를 믿고 시간과 마음을 나누면서 효과적으로 개입해야 합니다. 적절한 순간에 가볍게 개입하는 것은 나쁘지 않습니다. 앞서 어린이집 이야기에서 아이들이 즉흥적으로 연주를 시작했을 때 교사가 손뼉을 치며 리듬을 맞춘 것이 좋은 예입니다. 교사가 호응하자, 다른 방에서 온 아이들도 북소리에 호기심을 드러내고 춤추고 싶은 마음이 들었습니다. 처음에 '상자 채우기 놀이'를 할 때에는 두 어린이에게 함께 놀기를 거절당한 경험이 있지만, 아랑곳하지 않습니다.

　　아이 스스로 놀이를 만들 기회를 허락하지 않고 아이에게 미리 정해놓은 놀이를 제시하는 것은 그 놀이에 참여하는 것과 전혀 다릅니다. 어른이 '교육'이라는 명목으로 진행하는 '놀이 지도'가 그 대표적인 사례입니다. 이런 놀이는 대부분 어른이 주도하기에 '시키는 대로 해야 하는' 아이는 금세 흥미를 잃곤 합니다. 아이의 놀이에서 어른의 주도권이 크면 클수록, 아이는 상상력을 활용한 인지 활동을 할 수 없게 됩니다. 무기력하게 어른의 지시만을 기다리거나, 할 수만 있다면 그 자리를 벗어나려고 합니다. 흔히 어린아이는 한 가지 일에 오랫동안 집중할 수 없다고 믿어온 것은 바로 이런 연유입니다. 이런 잘못된 생각은 어른이 놀이를 제안하고, 만들고, 통제하고, 자기가 원하는 방향으로 이끌어간 데서 비롯한 겁니다. 이런 놀이에서 아이가 보여주는 집중력은 자연스러운 것이 아닙니다. 그것은 새로운 놀이를 할 때 처음에 잠깐 반짝했다가 이내 사라져버리는 호기심이거나, 어른과 함께 있고 싶은 마음, 혹은 어른을 기쁘게 하고, 기대에 맞추기 위해 생긴 집중력일 뿐입니다. 한마디로 이런 놀이에서는 어른이 배우이고 아이는 관객입니다. 방법이 완전히 거꾸로 된 겁니다. 아이들이 어른 방식으로 학습하는 것입니다.

　　놀이에 개입하고 아이와 어울리려면 아이의 행동과 놀이를 만드는 모습을 더 주의 깊게 관찰해야 합니다. 그리고 우리에게는 큰 의미가 없는 것이라고 해도 그것을 이해하거나 받아들이려고 노력해야 합니다. 상자를 채우는 것 말고는 달리 뭔가를 하겠다는 생각도 없이 단지 낡은 옷가지를 주워 담는 행동에는 별다른 의미도 가치도 없습니다. 하지만 그러면 어떻습니까? 심리분석가가 되려 하지 말고, 그냥 아이가 하는 것을 지켜봅시다. 어린이집에서 보내는 평범한 어느 날, 두 아이가 하찮은 상자를 가지고 놀면서 느끼는 그런 반짝반짝한 기쁨을 편견 없이 받아들이세요. 아이들에게 실제로 일어나는 일을 서로 이야기하는 것만으로도 충분합니다. 모두에게 의미 있는 놀이가 될 거예요. 어른에게는 허섭스레기에 불과한 종이 상자도 아이에게는 집, 자동차, 보금자리, 은신처, 아름다운 음악이 흘러나오는 멋진 악기가 될 수 있습니다.

아이를 위한 공간, 어떻게 만들까?

몇몇 건축가는 포장을 좋아하는 아이들의 특성에 착안해서 어린이집을 리모델링했습니다. 아이가 장난감보다는 오히려 포장 상자를 더 잘 가지고 노는 것을 보고, 포장을 아예 장난감으로 만든 거죠. 이 건축가들은 매끈하고 평평한 건물 내벽을 울퉁불퉁하게 만들어 그 자체가 놀이의 도구가 되도록 건축했습니다. 이런 구조는 특히 아이들의 신체 활동과 상징 놀이를 활성화합니다. 여기저기 돌출 폭이 다르고, 평평한 데가 있는가 하면 울퉁불퉁한 곳도 있습니다. 아이들은 기어오르기도 하고, 돌출부 뒷면에 숨기도 하면서 서로 다른 형태의 공간들의 특징을 파악합니다. 이 공간은 아이의 상상에 따라 집, 주차장, 커다란 배, 하늘을 나는 양탄자 등 어디든, 무엇이든 될 수 있습니다.

　　그러나 여기서 조심해야 할 점이 있습니다. 실내를 연극 무대의 배경처럼 꾸며서는 안 됩니다. 왜냐면 놀이는 아이의 상상으로만 이루어져야 하기 때문입니다. 예를 들어 바닥에서 뻗어 나와 벽을 타고 오르는 나무를 형상화한 플라스틱 실내장식은 아이의 상상력과 창의력에 아무런 도움도 주지 못합니다. 아이에게 필요한 것은 거창한 실내장식이 아니라 스스로 놀이를 만들어내고 신나게 놀고 싶은 마음이 드는 공간입니다. 플라스틱 야자수 밑에 플라스틱 동물 인형들을 여기저기 세워두고 벽에 열대 밀림을 사실적으로 그려놓았다고 해서 그것이 아이에게 모험을 꿈꾸게 할 공간이 되리라고 믿는 것은 착각에 불과합니다. 그것은 어른의 환상이 만든 무대에 아이를 억지로 올려놓는 꼴이죠. 어른의 생각을 '주입'하지 말고 '제안'해야 합니다. 아이에게 보기 좋은 '배경'이 아니라 '기회'를 만들어줘야 합니다.

아이가 노는 장소는 울퉁불퉁하고, 들쭉날쭉하고, 구역에 따라 크고 작고, 넓고 좁고, 미로도 있고 언제든 기어오를 수 있으며 그 속에서 놀이가 만들어질 수 있는 공간이 좋습니다. 이런 어린이집이라면 놀이 기구나 장난감을 들여놓기도 전에 아이들은 건물 자체가 제공하는 모험을 즐기며 놀 수 있을 겁니다. 아이들은 공간에 어떻게 생명력을 불어넣는지를 잘 알고 있습니다. 거기에 아이들이 움직이고, 만들고, 조작하고, 자유롭게 상상할 수 있는 놀이 도구를 놓아두면, 그들은 호기심을 느끼는 대상에 대한 해답을 찾는 여정을 스스로 만들어갑니다.

종이 상자 같은 단순한 사물을 이용한 놀이, 그리고 자발적인 상상력을 부추기는 실내 공간에서의 놀이는 유아교육과 관련하여 두 가지 중요한 문제점을 해결해줍니다.

첫째는 유치원이나 어린이집의 경우처럼 단체 교육을 할 때 자주 일어나는 상황으로, 아이들이 아무것도 하지 않고 기다리는 시간이 꽤 길다는 것입니다. 교사가 아이들을 상대로 한 가지 활동을 끝내고 다음 활동을 준비할 때, 혹은 교육 이외의 다른 업무를 처리해야 할 때 생기는 이 '대기 시간'에 아이들은 무기력한 상태에 빠집니다. 어린이집 교육 프로그램이 대부분 잘 갖춰진 환경에서 흥미로운 활동을 제공한다는 교육적인 목표가 설정되어 있어도 사정은 마찬가지입니다. 교육 개혁가인 코메니우스(Comenius)는 이미 17세기에 이런 말을 남겼습니다. '움직이지 않는 것만큼 정신과 몸에 해가 되는 것은 없다. 아이들이 만들어낸 어떤 놀이도 움직이지 않는 것보다는 낫다.'

둘째는 가정에서 자주 벌어지는 상황인데, 부모가 아이의 놀이를 주도하려 들고, 지나치게 강압적으로 개입할 때 문제가 생깁니다. 부모가 개입하는 만큼 아이는 놀이에 덜 집중하게 됩니다. 게다가 아이가 어른을 모델 삼아 모방하거나 거기에 맞춰 행동해야 할 이유는 전혀 없습니다. 정해진 숙제를 잘 해내는 것이 중요하지 않습니다. 세상이 어떻게 작동하는지를 깨닫는 것이 훨씬 더 중요한 문제입니다.

오늘날 아동교육과 관련하여 널리 퍼져 있는 잘못된 생각 때문에 우리는 아이에게 사물이 어떻게 작동하는지를 설명해주고, 사물을 어떻게 사용해야 하는지를 가르쳐줘야 한다고 믿습니다. 심지어 그것이 부모나 교사의 의무라고 생각하죠. 그렇게 우리는 별로 쓸모없어 보이는 물건은 아이가 아예 손도 대지 못하게 하죠. 그래서 장난감의 가치는 더욱 올라가고, 아이에게 복잡한 사용법 보여주기를 좋아하는 부모는 점점 더 비싸고 고급스러운 장난감을 사들입니다. 반면에 포장 상자는 지저분하고, 쓸모없는 것으로 취급되어 쓰레기통으로 직행하죠. 아이가 부모의 뜻을 따를 준비가 되어 있으니 부모는 새 장난감을 가지고 아이와 놀 수 있을 겁니다. 비록 장난감이 아이의 상상력이나 탐구심을 불러일으키지는 못해도 아이에게는 부모와 나누는 따뜻한 애정이 우선이기 때문입니다.

　　하지만 장난감에 대한 관심이 줄면서 부모와 아이가 함께 노는 것도 시들해지면, 아이의 관심은 곧바로 자기 마음을 사로잡는 대상으로 옮겨 갑니다. '장난감이 들어 있던 상자는 작아 보이던데 내가 안에 들어갈 수 있을까? 이 상자를 내가 들고 갈 수 있을까? 이 상자로 무얼 할 수 있을까? 무엇으로 상자를 채울 수 있을까? 상자를 비울 때에는 어떻게 하면 될까?' 아이가 그토록 호기심을 느끼는 상자가 이미 쓰레기통에 처박히지 않았기를 바라야겠군요. 그리고 부모가 상자를 가지고 놀아도 좋다고 아이에게 허락해야겠죠. 부모가 아이와 어울려 함께 상자를 가지고 놀아준다면 더 바랄 것이 없겠죠. 아이가 상자를 가지고 뭔가를 한다면 아낌없이 칭찬해주세요. 그리고 부모 자신도 상자의 골판지로 멋진 모자를 직접 만들어 쓴다면 아이가 정말 좋아하겠죠?

제3장
아이는 왜 미끄럼틀을 거꾸로 올라갈까?

미끄럼틀을 빼고 어린 시절을 말할 수 있을까요? 유아기의 아이라면 더욱 그렇겠죠. 보통 어린이집의 놀이 기구는 층층대와 구름다리, 사다리, 미니 암벽, 미끄럼틀이 한 세트입니다. 그중 미끄럼틀은 아이들에게 즐거움의 원천이지만, 안전을 책임져야 하는 보육 교사들에게는 근심의 근원이기도 합니다.

놀이 기구들은 대체로 아이들이 일정한 경로를 따라가며 신체 활동을 할 수 있게 구성되어 있습니다. 먼저 층층대를 걸어 오르거나 경사진 벽을 기어오르거나 줄사다리로 올라갑니다. 그렇게 평평한 꼭대기에 다다르면 아이들은 거기서 경사면을 따라 미끄러져 내려가 바닥에 도착합니다.

어떤 자세로 미끄럼틀을 타야 할까요? 얌전히 앉아서? 배를 깔고 엎드려서? 등을 대고 누워서? 머리를 아래로 향하고? 한 다리는 앞으로 내밀고, 다른 다리는 뒤로 뻗은 채? 아이에게는 어떤 자세든 가능합니다. 어떻게 내려가든 그때마다 새로운 모험을 즐길 준비가 되어 있기 때문입니다. 그러나 문제는 안전입니다. 미끄럼틀은 보육 교사들에게 공포의 대상입니다. 아이들이 떨어져 크게 다칠 수 있다는 불안감을 떨칠 수가 없기 때문이죠. 그래서 아이들이 미끄럼틀을 탈 때마다 '엉덩이를 경사판에 꼭 붙이고 앉아서' 내려오는 자세만을 허락해야겠다고 마음먹기도 합니다. "앉아서 내려와야 해!" 교사들은 이 말을 수없이 되풀이하죠. 왜냐면 꼬마 모험가들은 각기 다른 방식으로 경사면을 내려오려고 하기 때문입니다.

배를 바닥에 깔고 내려오는 아이, 난간을 붙잡고 발을 하늘로 쳐든 채 내려오는 아이, 다른 아이들과 부둥켜안고 서로 몸이 낀 채 내려오는 아이, 내려오다가 중간에 멈춰 다른 아이들의 진로를 방해하는 아이, 발바닥으로 제동을 걸며 천천히 내려오는 아이도 있습니다. 바지가 잘 미끄러지지 않아 손과 발로 바닥을 밀며 내려오는 아이, 너무 빨리 미끄러져 순식간에 바닥에 도착하고 나서 당황하는 아이도 있습니다.

　　그리고 특히 미끄럼틀의 경사면을 타고 내려오는 것이 아니라 거꾸로 올라가겠다고 고집을 부리는 아이들이 있습니다. 미끄럼틀도 차도처럼 일정한 진행 방향이 있어서 이 흐름을 지키지 않으면 곧 난장판이 되고 맙니다. 하지만 매 순간 모험을 추구하는 아이들은 미끄럼틀이라는 공간에서 자기 몸으로 할 수 있는 모든 동작을 시험해보려고 합니다. 물론 교사는 아이들에게 진행 방향, 순서, 흐름 등과 같은 교통 규칙을 지키게 하려고 노력합니다. 그런데 이 규칙이라는 것이 언뜻 명확해 보이지만, 교사 각자의 관심과 염려에 따라 얼마든지 달라질 수 있고, 또 아이들이 이해하기도 어렵습니다. 그러다 보니 교사가 교통경찰 노릇을 하며 아이들에게 복잡한 신호를 따르게 합니다. '한 명씩 차례로 타! 여러 명이 동시에 내려가면 안 돼! 거꾸로 올라오는 건 절대로 용납할 수 없어! 중간에 정지해서 흐름을 방해해서는 안 돼! 너무 빨리 내려가도 안 되고, 너무 느리게 내려가도 안 돼! 앞사람을 추월하지 말고, 기다렸다가 차례대로 내려가!'

　　이쯤 되면 미끄럼틀 타기를 놀이라고 부르기 어렵습니다. 아이들의 놀이를 '몸을 탐구하고 지식을 키울 수 있는 자유의 한 형태'라고 정의하기는 더욱 어렵겠습니다.

아이의 모험, 엄마의 모험

성채, 해적선, 비행기, 공룡 등 다양한 모양의 놀이 기구는 놀이터와 공원에 들어서는 인기 있는 시설입니다. 바다, 전원, 동화, 모험을 테마로 공원을 개발하는 사람들은 상상력을 발휘해서 놀이 시설에 화려한 색을 입히고 아이들이 잘 아는 사물이나 동물의 형태를 만들어 동심을 사로잡으려고 합니다. 이렇게 형태는 다양해도 모든 놀이 기구의 기본 원리는 똑같습니다. 즉, 아이가 높은 곳에 올라가서 잠시 머물다가 내려오게 하는 것이죠. 내려가는 부분은 대부분 미끄럼틀 형태로 만드는데, 미끄러져 내려오는 것이 재미있기 때문입니다. 그런데 미끄럼틀에서 미끄러져 내려오기 전에 꼭대기에 도달하기까지가 유아기 아이에게는 쉽지 않습니다. 짧은 다리로 오르기에는 계단이 너무 높고 가팔라서 한 단 올라가기도 힘겨우니 꼭대기에 도달하는 데에는 대단한 용기가 필요합니다.

　놀이 기구는 대체로 여섯 살 미만 아이의 체격에 맞춰 설계되기에 한두 살짜리 아이가 계단이나 사다리로 올라가기는 쉽지 않습니다. 아무리 다리를 힘껏 벌려도 높은 층계참을 딛고 서서 힘을 주기는 만만찮습니다. 그러니 아이는 자연스럽게 미끄럼틀의 경사면을 기어 올라가려고 시도하게 됩니다. 하지만 엄마의 감시망에 곧바로 걸리죠. "안 돼, 안 돼, 안 돼! 그리로 올라가서는 안 돼!" 실망한 아이는 울고불고 떼를 쓰고, 엄마는 아이를 번쩍 들어서 미끄럼틀 꼭대기에 올려놓습니다. 그리고 이렇게 말하죠. "자, 이제 미끄럼 타고 내려와. 엄마가 밑에서 잡아줄게."

　그런데 꼭대기에 앉은 아이의 얼굴은 겁에 질린 표정입니다. 대번에 이렇게 높은 곳에 올라와 있다니! 계단을 한 칸씩, 한 칸씩 올라온 것도 아니고, 경사면을 힘들게 기어오르지도 않았는데! 아이는 이 고도의 차이를 어떻게 이해할까요? 한 칸 한 칸 오르지도 않고, 꼭대기에 오르는 데 필요한 노력을 조금도 기울이지 않았으니 아이는 이런 급격한 변화를 이해하지 못합니다. 목표를 잃어버린 허탈감과 실망이 뒤섞인 마음이 듭니다.

이제 어떻게 해야 할까요? 아무래도 엄마가 시키는 대로 앉은 자세로 엉덩이를 대고 미끄럼틀을 내려가야겠죠? 조금 전 경사면을 기어올랐을 때에는 엎어져서 배를 깔고 내려갔으니 무서움이 덜했지만, 이번에는 높은 곳에서 아래를 내려다보며 내려가야 하니 선뜻 자신이 없습니다. 겁에 질린 아이는 두 손으로 미끄럼틀 난간을 부여잡고 온몸이 뻣뻣하게 굳어버리는 것을 느낍니다. 엉덩이로 경사면의 바닥을 밀며 앞으로 나아가는 방법도 잘 모르겠고, 가파른 뒤쪽 계단으로 내려가자니 두려움이 앞섭니다. 이러지도 저러지도 못하고 쩔쩔매던 아이는 결국 엄마에게 내려달라고 애원합니다.

엄마가 아이에게 용기를 내라고 아무리 격려해도, 뒤에서 자기 차례를 기다리는 아이들이 아무리 압박해도, 심지어 "겁쟁이!"라는 모욕적인 비난을 들어도, 아이는 미끄럼틀 꼭대기에서 꼼짝도 하지 않고 자신을 지상으로 안전하게 내려줄 손길만을 기다립니다. 그렇습니다. 이것은 아이가 계획한 모험이 아니었습니다. 이 모험은 아이의 운동 능력이나 탐구심에도 맞지 않고, 스스로 자신의 발, 다리, 팔, 손, 근육에 대해 자신감을 얻고 싶었던 욕구도 만족시키지 못했습니다. 아이에게는 너무 이르고, 너무 빠르고, 너무 높은 수준의 불안전한 모험이었습니다. 아이에게 안전성이라는 것은 자신이 놓여 있는 환경에 스스로 대처하는 능력에 따라 결정됩니다.

엄마는 아이가 몹시 못마땅합니다. "그토록 미끄럼틀에 올라가고 싶어 하기에 올려주었더니, 미끄럼을 타고 내려오지도 못하고 벌벌 떨면서 금세 내려달라고 하다니! 저렇게 변덕이 심하고, 자기가 뭘 원하는지도 모르고, 게다가 겁도 많으니 어떡하지?"

아이가 몸을 움직이지 않으면 탐구할 수도 없다

신체 활동은 모험이고, 모험에는 늘 위험과 안전이 공존합니다.

그렇습니다. 아이는 성장하기 위해 활발하게 움직이고, 자신을 느끼고 표현하며, 낯선 공간에 몸을 노출합니다. 이런 점에서 놀이 기구와 몸을 움직이는 놀이는 아이의 성장에 없어서는 안 될 수단입니다. 아이는 몸을 움직이지 않고는 탐구 활동을 할 수 없습니다. 장난감을 만지며 놀거나 소꿉장난 같은 상상 놀이를 할 때에도 아이는 끊임없이 몸을 움직입니다. 몸을 움직이며 주변을 탐색하고, 언어를 사용하기 전에도 느낀 것을 표현합니다. 놀이터나 공원에서도 아이가 하는 모험은 곧 '행동'입니다. 아이는 계단의 층계 한 칸을 오르려고 낑낑대고 나서야 비로소 계단이 실제로 얼마나 높은지를 가늠합니다. 아이는 미끄럼틀의 꼭대기에는 올라가지도 못하고 오랜 시간을 보내지만, 그럼에도 경사면에 끈질기게 매달리는 이유는 바로 그것이 아이가 해야 할 모험이기 때문입니다.

바닷가 공원 놀이터에 거대한 괴물 네시가 있습니다. 맞습니다. 바로 네스 호수의 전설적인 괴물 네시가 아이들이 기어오르며 놀 수 있는 놀이 기구로 변신한 겁니다. 한 아이가 괴물의 등 위로 가뿐히 올라갑니다. 비록 기저귀를 차고 있지만, 네시의 등에 돌출한 돌기 중 하나에 올라서는 데 성공한 겁니다. 아이는 네시의 등줄기를 따라 계속 이어지는 돌기들을 하나하나 밟으며 조심스럽게 앞으로 나아갑니다. 아주 천천히, 한 발을 내딛고는 안전하게 바닥을 디뎠다는 확신이 서면, 그제야 다른 발을 내뻗습니다. 그리고 놀이터 옆에 설치된 공원 벤치에 앉아 점심을 먹고 있는 부모를 이따금 바라봅니다. 아이의 눈빛에는 결의 같은 것이 서려 있습니다. 혼자 거기까지 올라간 자신이 자랑스러우면서도 한편으로는 자신에게 놀라는 듯합니다. 그리고 뭔가를 바라는 것 같기도 합니다. 그것이 무엇일까요? 인정? 칭찬? 혹은 부모가 이제 그만 됐다며 내려오라고 만류하기를 바라는 걸까요? 아니면 위험으로부터 자신을 보호해주기를 바라는 걸까요?

아이는 앞에 놓인 장애물을 차례로 통과합니다. 그렇게 포기하지 않고 앞으로 나아가다가 가끔 비칠거리며 넘어질 뻔합니다. 그러더니, 이런! 아래로 떨어졌습니다! 다행히 다치지 않았는지, 벌떡 일어납니다. 곁에서 아이를 바라보고 있던 어른 한 사람이 네시의 등에서 추락한 아이가 안쓰러웠는지, 다른 놀이 기구를 타보라고 권합니다. 하지만 아이는 그를 흘끗 쳐다보고는 다시 네시의 등으로 올라가서 곡예를 계속합니다. 그러나 사실 아이는 네시라는 괴물 자체에는 아무런 관심도 없습니다. 아이를 사로잡은 것은 바로 '도전'입니다. 아이의 관심사는 잘 알지도 못하는 '네시'라는 괴물이 아니라 삐죽삐죽 솟은 돌기에 기어오르고, 정상에 다다르고, 어렵사리 균형을 잡으며 걸어가며 이룬 성공입니다. 목표를 향한 아이의 집중력은 대단합니다. 아이는 아무런 의심 없이 도전하고, 열중하고, 실행합니다.

모험을 마친 아이는 마침내 부모와 함께 흐뭇한 얼굴로 아이스크림을 먹고 있습니다. 부모는 아이에게 조금 전의 모험이 정말 대단했다고 말해줍니다. 이처럼 진심 어린 격려는 아이가 인식하는 자신의 이미지에 긍정적인 면을 강화해주고, 아이의 능력에 믿음을 보여주는 자세는 이 의기양양한 꼬마가 앞으로 걸어갈 인생길에 작은 이정표 역할을 한다고나 할까요?

모든 아이는 무모합니다. 게다가 모든 것을 몸으로 느껴 터득합니다. 어떻게 매달릴지, 어떻게 잡은 손을 옮겨야 할지, 어디에 손을 짚은 다음 발을 디딜지, 어떻게 앞으로 나아가야 할지. 그런 식으로 처음에는 바닥에 배를 깔고 기어서, 다음에는 네발로 이동하는 법을 배우고, 곧이어 걷고, 뛰어오르고, 달리고, 자전거 타는 법을 배웁니다. 하지만 성공이 아이의 최우선 목표는 아닙니다. 아이의 꿈은 성공이 아닙니다. 아이는 단지 시도하는 것으로 만족합니다. 왜냐면 아이의 기쁨은 시도하는 데 있고, 실패 또한 놀이의 한 부분이기 때문입니다. 아이는 계단보다 쉬워 보이는 미끄럼틀의 경사면을 기어오르려고 애쓰다가 겨우 세 걸음쯤 올라가고 나서 곧바로 미끄러집니다. 그러면 밑에서부터 다시 기어오르고, 미끄러지면 또다시 기어오릅니다. 아이가 화를 내는 이유는 어른이 금지하여 시도조차 못 하기 때문이지, 꼭대기에 도달하지 못해 실망했기 때문이 아닙니다. 아이의 목표는 움직이는 즐거움이지, 꼭대기에 서는 것이 아닙니다. 왜냐면 아이에게 그것은 아직 까마득한 일이기 때문입니다.

아이의 학습에 가장 필요한 것은 자신감이다

아이에게 꼭 필요한 것이 무엇인지를 이해하지 못하고, 단계를 건너뛰고, 놀이 기구 이용법을 낱낱이 정해주면서 우리는 아이의 학습에 가장 중요한 것을 그냥 지나칩니다. 그것은 바로 자신감입니다.

아이가 반드시, 곧바로 정상에 오르고 싶어 한다고 생각한다면, 그것은 오해입니다. 아이는 등반의 기초를 배우려고 안간힘을 쓰고 있습니다. 그 어려운 과정을 이해해야 하는데, 우리는 결과만을 생각합니다. 왜 아이는 번듯한 계단을 두고 굳이 통로가 아닌 경사면으로 기어 올라가고 싶어 할까요? 이유는 간단합니다. 아이는 '모든 것'을 시도해야 하기 때문입니다. 아이에게는 금기가 없습니다. 아이에게는 모든 길이 흥미로워 보이고, 가지 못할 길은 없는 것 같습니다. 아이는 이 길로 기어오르고, 저 길로도 기어오른 다음에야 느끼고, 이해하게 됩니다. 즉, 지금은 왜 이 길로 갈 수 없는지, 어떤 어려움이 있는지를 체험을 통해 알게 된다는 거죠. 우리는 아이가 원하는 모험을 할 수 있게 내버려둬야 합니다. 앞에서 아이를 끌어당기거나 통제하려 들지 말고, 아이 옆에서 보조를 맞춰 천천히 같이 걸어가야 합니다.

아이 건강 수첩의 9개월째 의료 검진 내용에 적힌 이런 글은 놀랍습니다.

'바닥을 짚지 않고 앉을 수 있다.'

소아과 의사는 부모에게 이렇게 묻기도 합니다.

"아이가 잘 앉아 있습니까?"

하나는 글로, 다른 하나는 말로 표현했지만, 두 문장의 내용은 똑같습니다. 아이는 자신의 발달 과정에서 수동적인 존재이고, 부모가 모든 것을 점검해야 할 것 같은 생각이 들게 합니다. 부모는 아이에게 어떤 특정한 자세, 예를 들어 여기에서처럼 앉은 자세를 해보게 합니다. 아이는 아직 앉은 자세가 무엇인지도 모르고, 시도한 적도 생각한 적도 없고, 이해하지도 못하고, 몸과 두뇌에 마땅히 해야 할 과제로 입력한 적도 없습니다. 그런데도 부모가 의미를 부여한 자세로 아이를 그냥 앉혀놓는 것은 아이의 고유한 학습 방식에 비춰보면 전혀 적절하지 않은 일입니다. 그것은 미끄럼틀을 잘 모르는 아이를 곧바로 꼭대기에 올려놓는 것과 마찬가지입니다.

혼자서는 앉을 수도 없는 아이를 쿠션 몇 개를 받쳐서 바닥에 앉혀놓으면 매우 불안하고 불안정한 상태가 됩니다. 균형을 잡으려고 다리를 뻣뻣하게 편 채 옴짝달싹하지 못하고 어른이 장난감을 가져다주기만을 기다립니다. 아이는 스스로 장난감을 가지러 갈 수 없고, 바로 이런 사실이 아이를 남에게 의존하는 존재가 되게 합니다. 스스로 익히지 못한 새로운 자세를 유지해야 한다는 것이 아이를 불안하게 할 뿐 아니라 어른과 어른이 베푸는 선의에 기대게 합니다. 아이에게는 이런 식으로 앉게 되는 것이 승리가 아니라 패배입니다. 엄마가 올려놓은 대로 미끄럼틀 꼭대기에 앉아 있는 것도 마찬가지입니다. 혼자서 미끄럼틀을 올라가는 것, 혼자 힘으로 앉는 것, 그것이 바로 아이의 승리입니다.

그런데 우리는 왜 아이가 스스로 발견하고, 깨닫고, 익히게 내버려두지 못하는 걸까요? 부모는 아이가 수많은 시도 끝에 앉는 법을 배우고, 그 과정에서 느끼고, 움직이고, 모험하는 모습을 곁에서 지켜봐야 합니다. 아이는 앉는 자세를 익히기 전 오랜 기간을 엎드린 자세에서 손으로 바닥을 짚고 몸을 일으키려고 애씁니다. 그렇게 다리를 구부리고, 무릎을 꿇고, 손으로 바닥을 짚어 몸을 지탱하다가 마침내 어느 순간 자연스럽게 앉는 자세를 취하게 됩니다. 그렇습니다. 이것이 바로 진정한 승리입니다! 이렇게 값진 승리를 거두었을 때 아이에게는 비로소 자신과 자신의 능력에 대한 자신감도 생깁니다. 그래서 이 승리가 중요한 겁니다.

어른이 도움을 주면 아이는 더 잘해낼 수 있습니다. 그 도움이란 아이가 탐험할 수 있는 환경을 제공하고, 아이를 격려하고, 아이의 자질과 미래의 능력에 대해 신뢰를 표시하며, 아이의 학습에 참여하는 것을 말합니다. 아이가 자기 힘으로 오를 수 없는 미끄럼틀 꼭대기에 아이를 올려놓아서는 안 됩니다. 어른이 정해놓은 대로 기구를 이용하라고 강요하는 것도 좋지 않습니다.

보행기는 아이에게 도움을 줄까?

아이의 상상력은 탐구 체험에 적합한 방식으로 사물을 변화시켜 활용합니다. 그리고 이런 체험을 통해 아이의 지각 능력이 발달하죠.

아이가 스스로 자기 세계를 만들어간다는 것은 남이 제시하거나 예측할 수 있는 범위에 한정되지 않음을 의미합니다. 예외 없이 모든 것을 시도한다는 거죠. 자신의 상상력에 따라 사물을 활용하면서 아이는 자기도 모르는 사이에 진정으로 의미 있는 놀이를 하게 되고, 학습과 사회적 행동 양식의 중심이 되는 창의성을 발휘하게 됩니다.

아이에게는 미끄럼틀을 거꾸로 기어오르는 것이 위에서 내려가는 것과 마찬가지로, 아니 그보다 훨씬 더 흥미로운 일입니다. 역방향이라는 개념도 아이에게는 정방향이라는 개념과 마찬가지로 차등이 없습니다. 아이가 시도한 것은 오히려 가파르지만 앞으로 나아갈 수 있는 방법을 찾아내는 것이었죠. 아이는 어떻게 할 것인가만을 끊임없이 생각합니다. 손을 먼저, 아니면 발을 먼저 내밀어야 할까? 무릎으로 기면 더 쉽게 갈 수 있을까? 언제 손을 놓아야 할까? 어떻게 멈추고 어떻게 다시 출발할까? 수많은 문제가 있지만, 아이는 수없이 시도하여 결국 답을 찾아냅니다. 어른이 할 일이라고는 아이가 해답을 찾을 기회를 제공하는 것뿐입니다.

그런데 보행기를 사용하면 이런 과정이 생략됩니다. 보행기 속에서 몸을 꼿꼿이 세운 아이는 까치발을 하고, 비정상적인 방법으로 앞으로 나아갑니다. 앞으로 나아갈 때 아이는 자기 몸을 움직이고 싶어 합니다. 아이는 자기 몸이 갖춘 능력을 이용해서 조금씩 앞으로 나아가면서 이 동작에 관한 감각과 생각을 정리합니다. 그런데 이런 아이에게 '보행기'라는 일종의 휠체어를 타게 한다면 아이는 아무것도 얻지 못합니다. 아이는 노인도, 장애인도 아닙니다. 운동 기능이 쇠퇴한 것이 아니라 단지 미숙할 뿐입니다. 왜 우리는 아이가 식탁이나 가구, 벽에 의지해서 일어설 수 있을 때까지 참고 기다리지 못할까요? 그 순간이야말로 진정한 승리의 순간이며, 아이가 자신의 힘과 능력으로 독립적인 인간이 되기 위해 내디딘 소중한 첫걸음에 대해 자신감을 품게 되는 역사적인 순간인데 말입니다.

한때 아기를 배내옷으로 꽁꽁 싸서 다리를 꼿꼿이 펴게 했던 적이 있었습니다. 나중에 아기가 똑바로 걸을 수 있게 하기 위해서였습니다. 당시는 네발로 기는 것을 동물적으로 여겼기에 아이가 마음대로 기어 다니게 내버려둘 수 없던 시대였죠. 그런데 지금 우리는 학습에 대한 조급증 때문에 아이가 앉거나 서는 데 걸리는 시간조차 허락하지 못하는 시대를 사는 것은 아닐까요? 이제 아이는 걸을 수 있게 되었을 때, 그러니까 실제로 몸과 머리로 체험해서 걷는 것에 대한 해답을 찾았을 때, 걸음마를 시작할 수 없게 된 걸까요? 걸음마는 아이가 스스로 쟁취해야 할 목표입니다. 아이는 언젠가는 혼자 힘으로 걸을 수 있도록 프로그래밍되어 있고, 그것은 어른의 몫이 아닙니다.

아직 걷지 못하는 18개월짜리 아이에게 원숭이처럼 팔을 위로 뻗고 어른 손을 붙잡고 걷게 하는 '걸음마 코치'는 필요 없습니다. 생리학적으로 인간의 아이는 처음 걸음마를 할 때 중심을 잡기 위해 두 팔을 줄타기 곡예사의 장대처럼 수평으로 펼칩니다. 만세 부르는 자세로는 중심을 잡을 수 없죠. 어른이 아이에게 베푸는 그런 '도움'은 혼자 일어서는 방법을 찾아낼 기회를 아이에게서 빼앗을 뿐입니다. '너는 나 없이는 걸을 수 없다'는 암시를 주고, 자신감을 잃어버리게 합니다. 그래서 걸음마도 오히려 더 늦어지는 결과를 낳습니다. 어른이 아이의 운동 능력 발달 과정에 개입하면 할수록 아이는 스스로 노력하기를 포기하고, 발달 시기도 점점 늦어질 뿐입니다. 도와주고, 이끌어주고, 부추길수록, 그러니까 아이가 타고난 속도보다 더 빨리 배우기를 바랄수록, 독립적인 인간으로 일어서는 중요한 순간을 놓치게 할 위험이 있습니다.

"저 혼자 할 수 있게 도와주세요"

어린이집에서와 마찬가지로 공원이나 놀이터에서도 아이들은 얼마든지 새로운 친구를 만나고 사귈 수 있습니다. 그럴 때 놀이 기구는 아이들의 교류에 가장 좋은 매개 수단이 됩니다. 아이들은 이리저리 뛰어다니면서 서로 '눈에 띄고' 쫓고 쫓기는 놀이를 하면서 어른의 예상과 전혀 다른 동선을 그리죠. 아이들에게는 이런 경로가 어른들이 미리 정해놓은 경로보다 훨씬 재미있고 자극적입니다. 아이들은 어른들의 눈을 피해 친구들과 함께 놀이 기구나 미끄럼틀 아래 작고 내밀한 그들만의 공간을 만들기도 합니다. 아이들은 이렇게 다양한 공간을 탐험하면서 높낮이의 차이도 체험하고, 위와 아래, 안과 밖의 개념도 알게 됩니다. 또한 다른 사람들과 가까이 지내는 법도 배우고, 남과의 관계에서 자신을 구분할 수 있게 되고, 아울러 상대와 가까워지거나 멀어지기를 되풀이하면서 정서적·육체적으로 자신과 남의 차이도 가늠할 줄 알게 됩니다.

아이는 이처럼 다른 아이들, 즉 타자와 만나면서 자아를 형성하고 그들과의 관계에서 자신의 고유한 개성과 존재 방식을 형성해갑니다. 결국, 그런 공간에서 자신을 찾는 모험, 타인과 만나는 모험을 하게 되는 거죠. 아이는 자리를 차지하려고 다른 아이들과 실랑이하고, 부대끼고, 싸워서 원하는 것을 얻기도 합니다. 때로는 어른이 개입해서 갈등을 해결하고 상황을 정리하여 아이의 극단적인 행동을 막아야 하는 경우가 생기기도 합니다.

"친구를 때리면 안 돼!"

이렇게 지켜야 할 규칙을 분명히 말하고 때린 아이와 맞은 아이를 모두 달래야 합니다. 그것이 어른의 역할이죠. 어른은 아이에게 미끄럼틀을 타는 방향을 정해줄 것이 아니라, 모든 아이가 자유롭게 놀 수 있게 해주되, 놀이를 통해 인간관계에 관한 기초적인 지식을 습득하게 해야 한다는 사실을 잊어서는 안 됩니다.

미끄럼틀에서는 아이들끼리 실랑이가 벌어지게 마련입니다. 경사면을 거꾸로 올라가려는 아이와 위에서 미끄러져 내려오려는 아이는 필연적으로 충돌할 수밖에 없습니다. 분위기가 험악해질 수도 있고, 의외로 좋을 수도 있고, 아니면 별일 없이 끝날 수도 있습니다. 이처럼 다른 사람을 만나고, 그에게 나와 맞지 않는 의지와 욕망이 있음을 인정하는 데에도 시간과 경험이 필요합니다.

쿵! 위에서 내려오는 아이가 아래서 올라오던 아이와 부딪쳤습니다! 충돌이 생각보다 심하지는 않았습니다만, 그래도 엄한 규칙을 적용할 필요가 있을까요? 아니, 그럴 필요는 없습니다. 어른은 그저 무슨 일이 일어났는지를 아이들에게 간단히 설명해주기만 하면 됩니다. 미끄럼틀 아래와 위에서 두 사람이 동시에 내려오고 올라가는 것은 불가능하다는 사실을 이해하게 해주는 것으로 충분합니다. 내려가던 아이가 힘을 내서 올라오던 아이를 끌고 함께 올라갑니다. 그러다가 둘 다 미끄러지고 맙니다. 아이들은 이제 미끄럼틀을 타려면 자기 차례를 기다릴 수밖에 없다는 사실을 알게 됩니다. 그러나 아이들은 그런 사실을 알면서도 그냥 그대로 놀기도 합니다. 올라가던 아이가 내려오던 아이의 손에 이끌려 위로 올라가다가 둘이 함께 미끄러져 내려오면서 깔깔대고 웃기도 합니다. 그렇게 장난을 되풀이할 수도 있습니다.

어른은 개입하되, 너무 앞서 가는 것은 좋지 않습니다. 눈앞에서 벌어질 일을 미리 말해주거나, 미래를 예언하는 듯한 표현도 좋지 않습니다. "넘어진다, 조심해!"는 격려가 아닙니다. 보통 이런 말에 따라오기 마련인 "내가 이미 경고했잖아!"라든가 "내가 도대체 몇 번이나 말했어?"와 같은 표현은 어른을 더욱 현명한 존재로 보이게 하고, 아이를 더욱 어리석은 존재로 보이게 하는 것 말고는 실질적으로 아무런 효과도 없습니다. 이런 말은 아이가 운동 능력에서든 인간관계에서든 자신감을 갖는 데 전혀 도움이 되지 않습니다. 비록 아이가 넘어지거나 목표에 도달하지 못해도 거기에 들인 노력을 칭찬해주고, 아이가 빠질 수도 있었던 위험을 알려주는 것이 가장 중요합니다.

아이의 마음을 요약하면 이런 말이 됩니다.

"저 혼자 할 수 있게 도와주세요."

아이가 스스로 자신이 놓여 있는 상황의 주인공이 되게 하고, 어른이 개입하지 않으면서 아이가 하는 행동을 지지해주려면, 아이와 아이의 능력을 신뢰해야 합니다. 아이와 함께한다는 것, 아이의 교육에 참여한다는 것은 아이와 같은 눈높이에서 어려움을 똑같이 느끼는 것, 그러니까 아이 옆에서 먼 길을 함께 가는 것입니다. 아이가 체험하는 것이 아이의 능력을 계발할 뿐 아니라 아이의 정체성을 형성하는 데에도 중요한 역할을 한다는 사실을 잘 인식하고 아이를 지켜봐야 합니다. 어른의 역할은 아이의 행동에 직접 개입하는 것이 아니라, 아이가 모험을 계속하면서 새로운 능력을 기르게 하고, 기초적인 탐구와 학습에 유리한 환경을 만들어주는 데 있습니다. 놀이터나 어린이집의 미끄럼틀도 바로 이런 환경이 될 수 있습니다. 다만, 아이가 자유롭게 놀 수 있어야 하고, 더 중요한 것은 어른이 서두르지도 앞서 가지도 않으며 아이를 지켜보고, 아이에게 시간을 할애하여 함께 놀아주는 것입니다. 그러면 아이는 안심하고 모험할 수 있는 환경에서 자신의 리듬에 맞게 학습하고 성장할 수 있습니다.

제4장
아이는 왜 식탁에 스티커를 붙일까?

크리스마스 시즌의 한 어린이집. 크리스마스트리와 갖가지 구슬, 선물 꾸러미와 반짝이는 꽃으로 실내가 가득합니다. 그래도 크리스마스 장식을 더 많이 만들고 싶었던 교사들은 아이들에게 '스티커 붙이기' 놀이를 하자고 제안했습니다.

탁자를 둘러싼 다섯 개 의자에 아이들이 얌전히 앉아 있습니다. 앞에는 초록색 도화지를 오려 만든 커다란 크리스마스트리가 놓여 있고, 아이들은 자기 나무에 붙일 금색과 은색의 구슬, 별, 종, 달, 그리고 빨간 옷을 입은 천사 등 갖가지 모양의 스티커를 기다리고 있습니다.

"자, 지금부터 크리스마스트리를 예쁘게 꾸미는 거예요. 선생님이 나눠준 스티커를 자기 나무에 붙여보세요."

교사의 설명이 끝나자 아이들은 엄지와 집게손가락으로 매끄러운 종이에 붙어 있는 스티커를 떼어내려고 합니다. 하지만 아직 손동작이 서툴러서 쉽게 떼지 못합니다. 그래도 아이들은 스티커 떼어내기에 열중합니다.

아이들이 스스로 일을 끝내도록 내버려두고 싶지만, 교사는 쩔쩔매는 아이들의 모습을 보고 어쩔 수 없이 스티커를 하나하나 떼어서 건네줍니다. 어린 나이에는 너무 힘겨운 과제라고 판단하여 작업을 조금 단순화해주기로 결정한 거죠. '스티커 붙이기' 놀이는 성공적으로 끝날 겁니다. 그래야 아이들 각자의 이름이 적힌 크리스마스트리가 벽에 걸릴 수 있을 테니까요! 교사는 학교를 방문한 학부모들이 교실 벽에 붙은 자기 아이의 작품을 찾으리라는 것을 잘 알고 있습니다. 그리고 다른 아이들의 이름 사이에서 유독 자기 아이의 이름만 빠졌을 때 부모의 실망이 얼마나 클지도 잘 알고 있습니다. 게다가 실망한 부모에게 납득할 만한 이유를 들려줘야 할 겁니다. 예를 들어 댁의 아이는 크리스마스트리 장식을 좋아하지 않는다든지, 장식할 줄을 모른다든지, 부모가 그 이유를 수긍할 수 있어야 할 겁니다. 그리고 아이의 실패는 곧 교사의 실패가 되겠죠. 그러니 이런 불행한 사태를 막기 위해, 모든 부모가 자기 아이의 작품을 보고 감탄하도록 하기 위해 교사는 크리스마스트리 만들기에 집착하고, 관여하고, 감독하고, 쉬지 않고 지시합니다.

"한 곳에 덕지덕지 붙이지 말고, 나무 전체에 골고루 붙이도록 해요. 그래야 멋진 크리스마스트리가 되죠! 아, 탁자에 붙이면 안 돼요! 손가락에 붙이지 말고! 팔에도 안 돼요! 그걸 친구 코에 붙이면 어떡해!"

네, 아이들은 생각도 행동도 정말 희한하게 합니다. 선생님은 어쩔 수 없이 '안 된다'와 '하지 마라'를 입에 달고, 금지 규칙들은 늘어만 갑니다. 안타깝게도 아이들은 흥미를 잃습니다. 15분 전만 해도 서로 이 놀이를 하겠다고 앞다투어 나섰는데, 벌써 싫증을 내고 있습니다. 아이들은 슬슬 스티커를 가지고 다른 짓을 하고 싶은 마음이 들고, 지금 하고 있는 일이 시들해집니다.

아이는 스스로 실험하고 배운다

아이들에게 크리스마스트리는 어떤 의미가 있을까요? 아이의 관심사와 전혀 관련 없는, '어른이 시킨 과제'가 아니라, 진정으로 아이가 생각하는 크리스마스트리는 어떤 것일까요? 어른들이 아이의 관심사에 대해 이토록 잘못 알고 있는 이유는 무엇일까요? 그것은 아마도 아이의 욕구가 아니라 우리의 욕구를 기준으로 원칙을 세우고, 아이가 잘해내게 하고 싶은 마음이 앞서서 아이가 마음대로 행동하는 것을 용납하지 못하기 때문일 겁니다. 게다가 아이의 행동이라는 것이 좀처럼 이해할 수 없는 것이기도 합니다. 어른은 아이의 놀이를 잘 모릅니다. 아이가 세상을 발견하고, 학습하는 방식도 잘 모릅니다. 크리스마스 시즌에 학부모도 찾아오는 어린이집을 예쁘게 꾸며야겠다는 교사의 생각이 어떻게 아이들의 마음을 움직일 수 있겠습니까? 아이들은 지금 이 순간을 살아가는 존재이고, 스티커로 수많은 다른 놀이를 하고 싶어 안달이 나 있습니다.

아이가 발견한 스티커의 특성, 곧 '달라붙는' 성질이 크리스마스트리 만들기 따위보다는 훨씬 더 강렬하게 아이의 마음을 사로잡았습니다. '스티커는 어디에든 들러붙는다는 건가? 크리스마스트리뿐 아니라 혀에도, 머리카락에도, 탁자에도, 종이에도, 손가락에도 붙을까?' 한 아이가 엄청난 인내 끝에 스티커 열 장을 열 손가락에 각각 하나씩 붙입니다. 그러고 나서 신나게 양손을 흔들며 자신이 방금 만들어낸 작품에 감탄합니다. 제작자인 아이도 놀라고 다른 아이들도 즐거워합니다. 아이는 영웅이 되었고 크리스마스트리 만들기는 이제 아이들의 스티커 놀이가 되었습니다.

다른 아이 하나가 탁자 가장자리를 스티커로 빙 둘러 장식합니다. 한 장, 한 장 포개지지도 않고, 간격이 너무 떨어지지도 않게 꼼꼼하고 정교하게 붙여나갑니다. 그런데 탁자 모서리에 이르자 스티커를 어떻게 붙여야 좋을지 몰라 난감한 표정을 짓습니다. 또 다른 아이 역시 탐험을 시작합니다. 이번에는 친구의 얼굴을 예쁘게 단장한답시고 얼굴에 별 스티커 몇 장을 붙입니다! 친구가 순순히 얼굴을 내맡기든, 반발하든, 이렇게 둘 사이에는 만남이 이루어집니다. 이 순간 이들에게 중요한 것은 이 놀이 덕분에 형성된 상호 관계가 아닐까요? 내가 다른 사람과 맺게 된 관계, 타인의 발견, 나와 남의 차이에 대한 의식 같은 것 말입니다.

아이가 원하는 대로 탐색하게 내버려두면 스스로 실험하고 체험하면서 배웁니다. 집중력이 최대로 높아지는 것도 바로 그런 순간입니다. 왜냐면 비록 아이의 의도라는 것이 몹시 모호해 보이고, 또 아이 자신도 무엇을 하려는지도 모를 정도로 충동적으로 행동하지만, 아이는 스스로 동기를 부여하고 행동하기 때문입니다. 서둘러 아이들에게 크리스마스트리를 장식하라고 지시하는 것은 아이들을 전통적인 학교 교육의 틀에 가두어두겠다는 의도를 반영하는 것과 다름없습니다.

전통적인 학교 교육에서 어른들에게는 '방법을 아는 사람'이라는 지위가 부여됩니다. 그들은 '가르치는 사람'의 위치에서 아이에게 모든 것을 '하게 해야' 한다고 생각합니다. 어른은 아이에게 길을 제시하고, 관찰하고, 지도하고, 최종적으로 아이가 학습에 성공했는지 아닌지 판결을 내립니다. 하지만 이런 상황에서 아이는 지시에 대한 복종과 성공·실패의 개념 말고 무엇을 더 배우겠습니까?

하지만 탁자 가장자리를 마치 열차처럼 꼬리에 꼬리를 문 스티커들로 장식하는 것은 아이에게 유익한 학습입니다. 아이는 스티커를 여러 개 이어 붙이면서 좁고 기다란 띠 모양의 공간을 채우는 체험을 하게 됩니다. 그런 체험을 통해 점들이 모여 선을 이루는 과정을 이해하게 되겠죠. 그리고 직선이 탁자 모서리에서 방향을 바꾸면서 꺾이고 각을 이루는 과정도 이해하게 될 겁니다. 이때 벌써 아이는 기하학의 세계를 엿보게 됩니다. 훗날 선생님들이 잘 구성된 교과과정에 따라 가르쳐줄 '수학'이라는 과목의 한 분야를 말입니다. 아이는 이처럼 막연하긴 해도, 스스로 탐구해서 얻은 몇 가지 기하학적 개념과 지식을 터득하게 됩니다! 물론 어른들이 이 스티커 놀이 체험의 가치를 인정해서 아이가 끝까지 탐구를 계속할 수 있었다는 전제가 필요하겠죠.

아이와 어른의 생각이 정확하게 맞아떨어지는 경우는 거의 없습니다만, 우리는 이 '어른의 생각'이라는 것을 경계해야 합니다. 어른의 생각은 어린이집 크리스마스 장식 에피소드처럼 어떤 목적을 위해 아이의 학습 활동을 이용하고, 동시에 어른 자신의 만족을 추구합니다. 그러나 남을 자기 마음대로 통제하려 하고, 서로 이해하지 못하니 당연히 모두에게 불만과 피로만 안겨주게 됩니다. 아이가 주인공이 되어 놀이하는 학습과는 정반대의 결과가 나오는 겁니다.

어른은 아이와 거리를 유지하라

임신 중이던 젊은 놀이 지도 강사는 어떻게 하면 태어날 자신의 아이를 놀이에 몰두하게 할 수 있을지 궁금했습니다. 하지만 그것은 필요 없는 걱정입니다. 왜냐면 아이는 무엇에 몰두할 것인지, 무엇이 자신을 사로잡을 것인지를 엄마와 함께 어렵잖게 찾아낼 테니까요. 그런데 이 질문은 단순히 놀이 지도 강사의 직업적 관심사인지, 혹은 시대의 화두인지를 진지하게 생각해볼 필요가 있습니다.

오늘날 사회에서 매우 영향력 있는 존재가 된 아이는 이미 '유희' 활동의 중요한 소비자가 되었습니다. 유희 활동, 즉 놀이가 아이의 지각 능력을 기르는 데 아주 효과적인 만큼, 부모와 교육 전문가들은 점점 더 큰 가치를 부여하고 있습니다. 따라서 놀이 지도 강사의 의문에는 직업적인 문제 제기도 포함되어 있으리라 봅니다.

이 질문은 아이의 놀이에서 매우 미묘한 문제인 어른의 위치와 역할에 관한 것이기도 합니다. 어른은 놀이하는 아이와 적절한 거리를 유지하는 것이 중요합니다. 아이에게 기꺼이 시간을 내주고, 눈짓과 말, 몸짓언어로 아이의 놀이를 지지하면서도 아이가 주도적으로 놀이할 수 있도록 하는 거리가 중요하다는 뜻입니다. 이것은 놀이 지도 강사들의 직업적 관심사인 놀이 활동에 아이가 전념하게 하는 것과는 큰 차이가 있습니다.

관점을 달리해서 이렇게 생각해보죠. 어른에게 중요한 것은 아이와 함께 시간을 보내는 것이 아니라, 아이가 자기 예상대로 따르리라고 확신할 수 없는 제안을 하는 것이 아닐까요? 이처럼 놀이를 제안하는 데에는 단순히 아이에게 놀이 방법이나 놀이 도구 사용법을 가르쳐줄 때와는 다른 마음가짐이 필요합니다. 아이가 너무 어리니 놀이의 규칙을 잘 가르쳐줘야 한다는 생각은 별로 쓸모가 없습니다. 오히려 아이가 예상에서 벗어나 자기가 원하는 대로 규칙을 만들어 노는 것을 지지해줄 마음의 준비를 하는 것이 더 유용합니다. 아이는 반드시 그렇게 할 테니까요.

어린 손자와 함께 도미노 게임을 하고 싶은 할머니 할아버지가 몇 가지 간단한 규칙을 아이에게 가르치려고 합니다. 두 노인은 이미 숫자를 구분할 줄 아는 손자가 도미노에 적힌 숫자를 보고 짝을 맞출 수 있으리라고 생각합니다. 그리고 아이가 도미노를 뒤집어 뒷면에 적힌 숫자를 확인하는 흥분과 재미를 느끼리라고 확신합니다. 그들은 손자에게 같은 숫자끼리 붙여서 한 줄로 세워야 한다는 도미노 게임 규칙을 가르쳐줍니다. 하지만 아이는 도미노 조각을 모두 가지고 놀고 싶어 합니다. 상대편과 패를 나눠 갖는 것을 원하지 않는 걸까요? 놀이 규칙을 이해하지 못하는 걸까요? 아닙니다! 아이는 도미노를 가지고 다른 놀이를 하고 싶은 겁니다. 다시 말해 똑같은 크기의 직사각형 도미노 조각들로 다른 형태와 다른 결합을 만들고 싶은 겁니다. 그렇게 아이는 도미노 조각들로 원을 만듭니다. 좁은 면을 바닥 쪽으로 향해 세워 둥근 원을 그리며 도미노 조각들을 똑같은 간격으로 배열하는 섬세한 작업을 계속합니다. 다시 말해 도미노가 아이의 마음을 사로잡은 것은 숫자 맞추기 놀이가 아니라 조각들을 원형으로 늘어놓는 놀이입니다. 할머니 할아버지는 그런 손자를 이해하지 못합니다. 그들은 두 가지 선택 사이에서 갈등합니다. 손자가 더 자라서 규칙을 잘 이해하고 지킬 수 있을 때까지 아이와 함께 도미노 놀이를 하겠다는 생각을 포기할 것인가, 아니면 아이가 도미노 조각들을 가지고 무슨 짓을 하든, 원하는 대로 놀게 내버려둘 것인가?

아이가 놀이 규칙을 지키지 않는데, 그대로 내버려둬도 괜찮을까요? 네, 괜찮을 뿐 아니라 그렇게 해야 합니다. 왜냐면 중요한 것은 놀이의 규칙이 아니라 아이가 스스로 놀이할 수 있게 배려하고 안정감을 주는 환경이기 때문입니다. 손자에게 기꺼이 시간을 내주고, 아이가 무엇을 만들려고 하는지 이해하고, 도미노 조각들을 잘 배열하려는 아이의 의지를 칭찬하고 격려하며 놀이하게 하는 것은 학습에 도움이 됩니다. 규칙을 정하는 것만이 놀이의 환경을 설정하는 것은 아닙니다. 그 환경은 아이의 신체적·정서적 안전을 확보하기 위해 놀이 도구의 위치, 어른의 위치와 개입 정도를 정해주는 양식 전체를 말합니다. 이 모든 것은 아이를 돌보는 사람과 어린이집의 놀이 공간이 교육적인 통일성을 이루고, 아이의 인식이 형성되게 한다는 데 그 목적이 있습니다.

어른의 규칙, 아이의 상상

물론 어른은 아이에게 방법을 가르쳐주고 아이가 잘 따라 하기를 바랍니다. 하지만 이렇게 아이를 지도하는 것은 아이에게 도움이 되지 않습니다. 아이를 아무런 재미도 느끼지 못하는 세계에 가둬버리기 때문이죠. 그보다는 아이가 자기 마음대로 방법이나 규칙을 바꿔서 놀도록 내버려두거나, 아이의 놀이가 어른의 계획대로 되지 않으리라는 사실을 미리 받아들여 마음의 준비를 하는 편이 훨씬 낫습니다. 아이가 욕조에서 목욕할 때 어른들은 인형이나 목욕 장갑을 주곤 하는데, 거기에는 아이가 인형을 씻기는 모방놀이를 가르치려는 의도가 숨어 있곤 합니다. 하지만 아이는 인형을 던져버리고 목욕 장갑을 입으로 빨거나 그 속에 손을 집어넣고 놀면서 감각적인 즐거움에 몰입합니다. 이처럼 우리의 예상은 늘 빗나가지만, 그렇다고 해서 아이의 반응이 우리가 기대했던 것보다 가치 없는 것은 결코 아닙니다.

만약 어린이집 교사가 '혼자 할 수 있게 도와주세요'라는 아이의 마음을 읽어낸다면, 아이에게 안정감을 주는 다정한 존재가 될 적절한 거리를 찾으려고 노력할 겁니다. 우리가 아이의 놀이를 지배하는 언어를 늘 이해할 수는 없지만, 예를 들어 놀이 시간에 아이가 열중한 어떤 일에 개입하지 않고 단지 관심을 보임으로써 아이를 격려할 수 있는, 그런 거리를 말하는 겁니다.

이런 놀이에서 부모든 선생님이든, 교육하는 어른의 역할은 아이가 보고, 느끼고, 경험하는 대상에 집중하는 것입니다. 다시 말해 아이를 무엇엔가 몰두하게 하는 일이 아니라는 겁니다. 왜냐면 집중력에 심각한 문제가 있는 경우가 아니라면, 모든 아이는 혼자 있을 때에도, 다른 아이나 어른과 함께 있을 때에도 쉽게 무엇엔가 몰두합니다. 물론 어떤 놀이를 하면서 그 놀이의 범위를 벗어날 수 없다면, 그것은 이제 놀이가 아니라 학습 활동이 되겠죠.

아이들은 플라스틱이나 나무 블록을 주면 무언가를 열심히 만들어냅니다. 아이들의 이런 성향을 잘 파악하고 있는 어른들은 자주 탑 쌓기를 하도록 아이들을 유혹합니다.

"얘들아, 엄마 아빠에게 보여주려면 탑을 멋지게 만들어야겠지?"

놀이 교실의 교사도 이렇게 말합니다.

"얘들아, 한 명씩 차례로 탑 위에 블록을 쌓아봐!"

탑 쌓기는 재미있습니다. 블록 조각들을 하나하나 공들여 쌓아 올려 멋진 탑을 완성하지만, 한순간 와르르! 무너지면서 조각들이 바닥에 흩어집니다. 그러나 흩어진 조각들을 모두 그러모으면 다시 멋진 탑을 세울 수 있습니다. 하지만 탑은 또다시 무너져내리죠. 이렇게 탑이 완성되었다가 무너지기를 반복하면서 놀이는 계속됩니다.

이 놀이를 통해 아이가 체험하는 것은 바로 창조와 파괴의 위력입니다. 아이는 다양한 물리법칙이 구현되는 현실을 목격합니다. 탑은 어느 순간에 무너질까? 블록들의 낙하 지점은 어디쯤 될까? 붕괴를 예견할 수는 없을까? 탑의 어디에 힘을 가하면 무너질까? 어떤 힘으로? 어떻게?

한마디로 탑 쌓기 놀이는 아이들의 마음을 완전히 사로잡습니다. 그러나 우리는 미묘한 차이를 생각해보지 않을 수 없습니다. 이 놀이를 누가 제안했나요? 네, 그렇습니다. 어린이들 자신이 아니라 바로 어른입니다. 그래서 이런 의문이 생깁니다. 만약 부모나 교사가 블록으로 '탑을 쌓

으라'고 지시하지 않았다면, 아이들은 무엇을 만들었을까요? 어른이 놀이의 진행자가 되지 않았다면 아이들끼리 어떻게 놀이를 고안해냈을까요? 교사는 아이들의 시선과 주의를 자신에게 집중시켜 그들 각자 상상의 세계가 끼어들 여지를 주지 않았고, 몇몇 아이가 자신의 모험에 다른 아이들을 끌어들일 통로도 차단했습니다. 그렇지 않았다면 아이들은 블록으로 집이나 아파트, 자동차나 기차, 로봇이나 우주선을 만들며 놀이에 몰두했을까요? 블록으로 말을 만들고 올라타거나 모자를 만들어 머리에 올려놓았을까요? 바닥에 알록달록한 다리를 만들고 악어가 우글거리는 강을 건너는 놀이를 했을까요? 아니면 최첨단 무기를 만들어 전투 놀이를 했을까요? 그러나 교사는 탑 쌓기를 선택했으니 어떤 놀이가 벌어졌을지는 아무도 모릅니다.

아마도 어른은 상상조차 할 수 없는 아이들의 창의적인 행동에 우리는 당황하고 있는지도 모릅니다. 생텍쥐페리의 아름다운 동화에서 어린 왕자가 어른들에게 양 한 마리를 그려달라고 했을 때 그들이 그려준 그림은 어린 왕자의 마음에 들지 않았죠. 어린 왕자는 오직 상자만 가지고 싶어 했습니다. 왜 그랬을까요? 상자는 어린 왕자가 자기 마음대로 그 안에 넣고 싶은 양을 상상할 수 있게 해주니까요. 상상력을 잃어버린 어른은 이제 아이들에게 상상할 자유조차 허락하지 못하는 정도가 되어버렸습니다. 이 놀이 교실의 교사도 마찬가지입니다. 교사는 아이들에게 블록으로 탑을 만들자고 하면서 자신의 제안을 매우 긍정적으로 평가합니다. 실제로 탑을 만드는 놀이는 아이들의 호기심을 충족하고, 여럿이 함께 놀 수 있으니까요. 하지만 과연 그랬을까요? 혹시 더 나은 어떤 것을 놓친 제안은 아니었을까요?

어른이 아이의 놀이에 개입하는 법

아이들은 실제 세계와 상상 세계를 잘 구분합니다. 하지만 탐험이 가능하다면 강렬하게 삶을 체험할 수 있는 상상 세계에서 색다른 일에 도전하는 모험을 포기하지 않습니다. 아이들은 이런 삶을 다른 아이들과 나누기도 하고, 심지어 거기에 어른들을 초대하기도 합니다. 아이가 빈손을 내밀며 찻잔을 건네줄 때 흔쾌히 차를 마시는 시늉을 하는 것은 이 상상의 찻잔이 아이에게 얼마나 중요한지 이해했음을 의미하고, 관찰한 대로 사물 사용법을 따라 해보는 유년기의 어느 시기를 지나고 있는 아이를 존중하는 태도이기도 합니다. 이와 반대로 아이에게 차 한 잔을 가져다주는 시늉을 하라고 시키는 것은 아이를 바보나 꼭두각시로 여기는 것과 다름없습니다. 아이가 자발적으로 하는 연기가 아니라면, 그것은 아이의 놀이와 무관한 배우의 거짓 연기에 불과합니다. 그런 놀이에는 실리적인 목적이 없어야 한다는 놀이 자체의 본질이 결여되었고, 또한 학습하게 할 수도 없습니다.

사실 어른이 달라고 해서 차 한 잔을 가져다주는 시늉을 하는 것이나 어른이 시킨 대로 탑을 쌓는 것이나 결국 똑같은 행동입니다. 아이에게는, 그러니까 아직 어린 인간에게 그것은 어른의 관심을 받고 어른이 요구하는 것을 즐거운 마음으로 함으로써 그를 기쁘게 할 것이냐, 아니면 말을 듣지 않고 그와 대립하는 위험한 상황을 감수할 것이냐는 선택의 문제입니다. 아이의 반응이 어떻든 간에 어른의 위치는 늘 전수자, 인도자, 때로는 아주 우스꽝스러운 방법으로 아이의 자리까지 뺏는 주연배우입니다. 실제로 모든 아이의 시선은 어른에게 고정되어 있습니다. 모든 요구와 모든 기대 역시 어른을 중심으로 이루어집니다. 어른은 규칙을 정하고, 강요하고, 원하는 시각에 시작을 알리는 종과 끝을 알리는 종을 울립니다. 그러나 어른은 이미 아이가 될 수 있는 능력을 잃었습니다. 그는 이제 있을 수 있는 세계(현실 세계)에서 가능성이 훨씬 적은 세계(비현실적이지만 아이에게는 가능한 세계)로 가는 방법을 모릅니다. 그는 이제 목적 없이 학습하지 않습니다. 생계를 유지하려면 일을 해야 하고, 그 일에서 수익을 내야 하기에 다른 가능성 있는 세계로 가는 문을 닫아버리고, 자신이 어렴풋이 아는 유일한 놀이 행동에 아이를 가둡니다. 어른은 어린 나비의 날개를 잘라버리고, 나비를 일벌레 개미의 세계에 가둬놓습니다.

아이들을 교육하려면 다른 형태의 개입이 필요합니다. 세계를 발견해가는 자유를 존중해주는 그런 개입은 아이의 타고난 능력과 조화를 이루며 아이가 스스로 학습할 수 있게 해줍니다. 향기에 이끌려 이 꽃에서 저 꽃으로 날아다니는 꿀벌처럼, 아이는 자기 방식대로 세상이라는 꿀을 수집하는 감각의 날개를 가졌습니다. 우리는 아이를 이해하려고 노력해야 합니다. 세상을 탐험하고 정보를 수집하는, 인생의 이 시기에 꼭 필요한 일을 하는 아이를 지지해줘야 합니다. 그렇게 우리는 아이의 발견에 적합한 눈빛과 몸짓, 조언을 해줄 수 있고, 아이의 탐구에 도움이 될 사물과 놀이 도구를 제시해줄 수 있습니다.

제5장
아이는 왜 색연필을 먹을까?

아이가 처음으로 그림을 그리기 시작할 때 부모는 기뻐서 어쩔 줄 모릅니다. 아이의 첫 '예술 작품'을 발견했기 때문입니다. 부모의 눈에는 이 '걸작'이 무척 가치 있어 보입니다. 집안에 어린 예술가가 탄생했다며 자랑스러워하죠.

세상의 모든 아이가 그림을 그립니다. 하지만 자기 아이가 처음 그림을 그릴 때 부모는 첫 습작들을 들여다보며 행복을 느끼게 마련입니다. 예술가가 되려면 무엇보다도 표현력이 중요하다는 것은 잘 알지만, 부모인지라 어쩔 수 없이 아이의 예술적 재능이 활짝 꽃핀 미래를 상상하게 됩니다. 아이의 그림을 소중히 보관하고 액자에 넣어 집 안에서 가장 잘 보이는 자리에 걸어 전시하죠. 아이의 그림을 소개해주는 인터넷 사이트에서는 한술 더 떠서 부모에게 아이의 작품을 티셔츠나 머그컵, 스티커 등 다양한 소재에 프린트한 상품을 주문 제작하라고 유혹하기도 합니다.

얼마 전까지만 해도 이 아이는 색연필을 먹었습니다. 색연필의 뾰족한 심이나 뒷부분을 빨고, 질경질경 씹어 먹고 부수기도 했습니다. 색연필을 발로 차서 어떻게 굴러가는지를 관찰하기도 했고, 연필통에 쓸어 담으며 놀기도 했으며, 색연필이 바닥에 떨어질 때 나는 소리를 들으려고 탁자 위로 또르르 굴리기도 했습니다. 그러나 부모는 아이가 몰두하는 이런 실험이 영 못마땅합니다. 색연필을 가지고 놀기에는 아직 이르다고 판단하여 아이가 졸라대도 한동안은 아이에게 색연필을 주지 않기로 작정합니다. 사실 아이가 색연필을 가지고 하는 놀이는 나무나 플라스틱 막대로도 얼마든지 할 수 있고, 입으로 빨거나 통에 담기에도 막대가 훨씬 더 나을 테니까요.

하지만 아이는 이제 색연필로 흰 종이에 무언가를 끄적거립니다. 그리고 자기가 그려놓은 것을 보고 스스로 놀랍니다. 아이는 다른 색연필,

다른 색깔로 다시 그림을 그립니다. 종이에 서툴게 형태를 그려놓고, 여백을 메우고, 갖가지 색으로 화면을 채워갑니다. 아이는 새롭게 발견한 형태와 색채를 보며 무척 기뻐합니다. "참 잘 그렸구나." 부모는 아이를 격려합니다. 아이의 그림에서 초보적인 예술성, 분명히 엿보이는 창의성, 재능을 더 잘 발휘하려는 노력 같은 것을 봅니다.

이 그림이 정말 잘 그린 건가요? 믿을 수 없는데요. 지나치게 뒤섞여 이상한 밤색이 되어버린 색과 선 몇 개가 다음과 같은 사실을 알려줍니다. 모든 색을 섞으면 무채색이 된다는 것, 아름다움은 주관적인 것이고, 시도하는 작품마다 반드시 아름다울 수는 없다는 것.

아이의 그림은 무엇을 표현한 걸까요? 처음으로 자신이나 다른 사람을 표현한 것으로 어떤 의미로는 아이가 더 성장해서 서투르나마 그리게 될 인물을 미리 보여주는 것? 나중에는 더 잘 그리게 될 것이고, 아이의 유치원 시절 스승들이 바람직한 발달 과정의 증거로 지켜보게 될 그림 말입니다. 우주를 표현한 기하학 모양의 밑그림? 아니면 제법 미학적인 가치를 지닌 휘갈긴 그림? 선생님도 부모도 의문이 떠나지 않는 게 사실이에요. 이 그림이 무엇을 표현한 것인지 스스로 묻고, 아이에게도 몇 번이고 물어보아요. 어른들은 알아요. 아이가 그린 그림이 중요하다는 걸. 그들은 알아요. 심리학자들이 아이의 그림을 보고 정신 건강 상태를 읽어내는 것을.

종이와 색연필 사이에서 아이에게 일어나는 일

생텍쥐페리의 『어린 왕자』에 등장하는 조종사는 어린 시절에 자신이 그린

그림, 즉 코끼리를 집어삼키고 나서 소화시키고 있는 보아 뱀의 그림을 보고 무서웠는지 어른들에게 물어봅니다. 하지만 어른들은 그림에서 모자밖에 보지 못합니다. 그러나 생텍쥐페리의 동화와는 달리 자기만족만을 추구하는 아이는 자기 그림이 아름다운지 아닌지를 어른에게 묻지 않습니다. 왜냐면 아이에게 그것은 아무 상관 없기 때문입니다.

　『어린 왕자』에 등장하는 어른들에게는 늘 설명이 필요합니다. 설명해주지 않으면, 아무것도 이해하지 못합니다. 그런 어른에게 끊임없이 모든 것을 설명해야 하는 것은 아이에게 무척 피곤한 일입니다. 어른은 아이가 코끼리를 삼킨 보아 뱀을 그렸다는 사실을 이해하지 못하고, 그것을 모자라고 생각합니다. 심지어 아이가 배 속의 코끼리를 보여주려고 보아 뱀의 단면도를 그렸을 때에도 보아 뱀과 단면도 따위는 버려두고 지리나 역사, 산수나 문법에 관심을 보이는 것이 어떠냐고 충고합니다. 그렇게 아이는 여섯 살 나이에 화가로서의 멋진 삶을 포기합니다. 자기가 그린 그림이 실패했음을 깨닫고 돌이킬 수 없이 절망했기 때문입니다.

이와 반대로 오늘날 부모들은 아이가 그린 그림을 보고 절대로 아이의 의지를 꺾지 않습니다. 자랑스러워하고, 격려하죠. 어른들은 아이를 격려하려면 아이가 한 일에 무조건 긍정적인 평가와 칭찬을 해야 한다고 생각합니다. 그래서 무엇을 그리든 '잘 그렸다! 멋지다!'라고 하는 겁니다.

그런데 아이를 이해하기 위해 아이에게 늘 설명해달라고 해야 할까요? 아이의 용기를 북돋우기 위해 거짓말을 해야 할까요? 아이를 있는 그대로 존중하는 다른 방법은 없을까요? 물론 아이도 자기 그림을 보고 어른들이 기뻐하면 흡족하겠지만, 그렇다고 해서 자기 그림을 마치 전시하듯 내보일 생각이 있는 것은 아닙니다. 다시 말해 자기가 이제 막 발견하려는 무언가가 부모를 만족시키리라고 생각하지는 않는다는 겁니다. 아이는 그저 발견하고 체험하는 데서 기쁨을 느낄 뿐입니다.

종이와 색연필 사이에서 아이에게 매우 실험적인 일이 일어납니다. 즉, 아이는 둘 사이에 뜻밖의 관계를 맺게 할 수 있다는 것을 알게 되었죠. 그래서 새로운 시도를 하고 어떤 일이 일어나는지를 관찰하고, 다시 시도하기를 여러 차례 반복합니다. 색연필로 그림을 그리는 행위를 통해 현재의 순간을 체험하고, 원인과 결과를 연결 짓기도 합니다. 아이는 구불구불 길게 이어지기도 하고, 구별할 수 없이 서로 뒤엉키기도 하는 길고 짧은 선을 그립니다. 어떤 선은 둥글게 그려지다가 결국 원이 되는 등 예기치 못한 일도 일어납니다!

아이는 어린이집에서 그림을 그리는 다른 친구들을 보면서 여러 가지 의문을 품기도 합니다. 그래서 자기 색연필이 친구의 종이에도 뜻밖의 결과를 만들어내는지 보려고 그림을 그리려고 합니다. 그러나 교사는 곧 바로 아이의 시도를 제지합니다. 설령 친구가 허락하고, 심지어 그렇게 하기를 바라더라도 다른 아이의 종이에 그림을 그리는 행동은 용납될 수 없습니다. 문제가 생기기 때문이죠. 그 아이 부모가 보면 뭐라고 하겠습니까? 부모는 자기 아이가 그린 그림을 보고 감탄하고 싶을 뿐, 다른 아이의 그림을 보고 싶지는 않습니다. 그림 그리기도 사회관계와 경험을 공유하는 기회가 될 수 있을 텐데, 유감스러운 일입니다.

예전에 어린이집 교사는 공동 작업으로 아이들이 벽에 그림을 그리게 한 적이 있습니다. 모든 아이가 한 장의 커다란 종이에 함께 그림을 그렸습니다. 그런데 종이를 공유하는 데 어려움을 느낀다면, 그 아이는 다른 아이의 종이에 함께 그림을 그리는 것도 쉽지 않을 겁니다.

그러나 종이가 '한 사람당 한 장씩' 주어진다면, 다시 말해 각자가 자신만의 표현 공간을 하나씩 갖는다면 그림이 서로 섞이는 일은 없겠죠. 각각의 그림은 그것을 그린 아이의 이름과 함께 벽에 걸릴 겁니다. 이렇게 아이들 사이에서 경쟁이 시작될 수도 있고, 부모는 자기 아이의 그림 덕분에 주변의 부러움을 사거나, 아이의 그림에 대단한 중요성을 부여하게 될지도 모릅니다.

아이는 입으로 색을 발견한다

종이와 색연필을 이용한 다른 교육 방법은 없을까요? '어린 왕자' 한 명 한 명에게 눈높이를 맞춰 이 도구를 가지고 놀이에 열중한 모습을 관찰할 다른 방법은 없을까요? 아이가 무척 만족하고, 새로운 것을 시도하고, 변덕을 부리고, 상상하고, 백지를 채워나가는 모습을 지켜보는 일은 매우 흥미로울 겁니다. 뭔가를 창작한다는 것은 자신의 존재 자체를 재현하는 행위라는 점에서 더욱 그렇습니다.

아이가 그림을 그리는 것은 어른들을 기쁘게 해주기 위해서가 아닙니다. 적어도 처음 시작할 때에는 그렇습니다. 아이에게 그림은 누구에겐가 줄 선물도 아니고, 꼭 해야 할 일은 더더욱 아니죠. 게다가 아이는 자신의 창조적 활동이 남들에게는 자신의 상태에 대한 해석의 대상이 될 수 있다는 것을 상상조차 할 수 없습니다. 아이는 색연필을 이전과는 다른 방식으로 사용하는 방법을 이제 막 발견했습니다. 그렇습니다. 지금까지 아이에게 색연필은 입에 넣고 빠는 물건이었습니다. 그렇게 아이는 색연필의 물질적인 형체만이 아니라 맛과 색까지 파악할 수 있었습니다. 사실, 어른인 우리로서는 아이가 입으로 색을 발견한다는 이야기는 납득하기 어렵습니다!

하지만 아이는 색연필을 입으로 빠는 행위를 통해 그것을 자기 세계에 통합합니다. 시각, 청각, 후각, 미각, 촉각의 오감(五感)은 서로 연결되어 있는 만큼, 아이는 미각으로 인식한 색연필에 대한 시각, 후각 등 감각적 기억을 자신의 감각 체계에 저장합니다. 그렇게 해서 이후로 색연필을 감각적으로 기억해내고 그것을 상기할 수 있게 되죠.

어른들이 아이에게 색연필을 입에 넣지 말라고 해봐야 소용없습니다. 아이가 색연필을 맛본다면, 그것은 여러 감각 중에서 가장 먼저 반응하고, 가장 강력하며, 그 기억이 가장 오래 지속하는 감각으로 색연필을 인지하기 때문입니다. 예를 들어 어린 시절에 일어난 사건과 연결되어 깊이 새겨진 감각의 기억은 아주 오랜 세월이 흘러도 사라지지 않습니다. 프랑스의 작가 마르셀 프루스트의 소설 『잃어버린 시간을 찾아서』에서 주인공

마르셀은 홍차에 적셔 먹은 마들렌 과자 한 조각의 향을 통해 그동안 까맣게 잊어버리고 살았던 어린 시절의 기억을 모두 되살립니다. 아이에게는 이런 후각적인 인식이 필요합니다. 아이가 자신의 분신과도 같은 애착 인형[3]을 거의 걸레가 될 때까지 빨지 못하게 하는 이유도 바로 거기에 있습니다. 자기 '두두'에서는 자기 냄새가 나기 때문이죠. 거기에는 아이 삶의 냄새가 모두 배어 있고, 이 후각의 보호막이 아이에게 안심하고 자신만의 세상을 만들어가게 해줍니다. 아이는 눈으로 볼 때보다 코로 냄새를 맡고, 입으로 맛보면서 주변 환경에 더욱 익숙해집니다. 이처럼 아이는 색연필을 먹으면서 그것을 '길들이는' 셈입니다.

　　아이는 이 유익한 단계에 종이, 탁자, 벽, 자기 몸, 그리고 다른 아이의 몸 등에 처음으로 뭔가를 그리는 재미를 발견합니다. 그러나 그것은 자신의 주위 환경을 탐색하는 활동일 뿐, 바보짓을 하는 것이 아닙니다. 색연필을 바닥에 떨어뜨리거나 발로 굴릴 때에도 마찬가지입니다. 여러 차례 되풀이해서 떨어뜨리면서 중력을 이해하려고 노력합니다. 그리고 모든 물체에는 질량이 있으며, 따라서 아래로 떨어진다는 것을 기정사실로 받아들이게 되죠.

아이와 함께 그림 그리기

아이는 놀이 도구를 자기가 상상한 대로 변형해서 사용합니다. 어른이 정해 놓은 사용법을 따르지 않죠. '그림 그리기'라는 모험에서도 아이는 이전에

---

3) '두두(doudou)'라고 부르며 아기가 태어나서 처음 받는 인형으로 늘 지니고 다니며 각별한 애착을 보인다. 옮긴이 주.

존재하지 않던 것을 만들어냅니다. 종이만이 아니라 다른 소재(탁자, 벽, 다른 아이의 종이, 몸 등)에 그림을 그리면서 기술만이 아니라 '관계'라는 관점에서도 무엇이 달라지는지를 이해합니다. 친구의 종이에 그림을 그리다 보면 친구와 더욱 가까워지고, 함께하는 즐거움을 공유하게 된다는 것을 깨닫죠.

아이에게 그림은 새로운 모험입니다. 아이는 그림을 통해 발전하고, 성장하죠. 교사와 부모는 아이에게 그림 그리기를 매일 제안할 수도 있습니다. 그리고 곁에서 아이를 관찰하고, 아이가 이 모험에서 얻은 것을 언어로 표현하여 그것을 자각하게 해줄 수도 있습니다. 예를 들어 아이가 얼마나 그림 그리기에 집중하는지, 색연필을 맛보는 수준에서 더욱 창의적으로 다른 감각들을 체험하게 된 것이 어떤 점에서 흥미로운지, 종이의 단조로운 흰색 공간을 어떻게 다양한 색으로 채우는 놀이에 열중하게 됐는지, 왜 친구의 종이에 그림을 그리려고 했으며 그때 친구의 반응은 어땠는지를 스스로 돌아보게 해줄 수 있습니다.

이처럼 아이가 자신의 행동에 대한 중요성을 자각하게 함으로써 교사와 부모는 아이가 스스로 발견한 것들에 더 큰 가치를 부여하게 할 수 있습니다. '참 좋다!', '잘 그렸어!'와 같은 빈곤한 표현의 공허한 칭찬은 아이가 그 근거를 납득할 수 없는, 그저 너그럽고 무의미한 평가에 불과합니다. 아이는 색연필로 이런저런 '낙서'를 하다가 어느 순간 매우 흥미롭고 전혀 새로운 탐험의 길로 들어서게 됩니다. 그러면서 그동안 내면에서 잠자고 있던 능력을 일깨워 마음껏 발휘하게 되죠. 아이가 모든 분야에서 잠재적인 능력을 갖춘 존재라는 사실을 알면서도, 우리는 늘 진부하고 무의미한 말만 늘어놓습니다. 온종일 자신을 둘러싼 모든 사물의 의미를 찾는 데 시간을 보내는 아이에게 판에 박힌 충고나 평가는 아무런 의미도 없습니다. 더 나쁜 것은 아이가 공들여 그린 그림을 아빠나 엄마를 위해 그렸다고 자의적으로 말하는 태도입니다. "우리 아들이 엄마 주려고 이렇게 그림을 잘 그렸어?" "이 그림, 우리 딸이 아빠한테 주는 선물이야?" 아이가 스스로 이룬 멋진 성과이며, 앞으로 이어질 모든 작품의 시작을 보고 부모는 그것이 자신을 위한 것이라고 단정적으로 말합니다.

그러나 지금 아이에게는 사물을 발견하고, 이해하고, 그것이 어떻게 작동하는지를 깨닫는 즐거움이 중요하고, 바로 그것이 그림을 그리는 핵심적인 동기이기도 합니다. 이런 시기에 부모는 그 기쁨을 아이와 함께 나누고자 곁에 있다는 것을 보여줘야 하지 않을까요? 아이에게는 배우는 것이 '일'이 아니며, 자기가 배운 것을 누구에겐가 보여주기 위한 '표현력'이 필요하지도 않습니다. 따라서 더 큰 가치를 부여해야 할 대상은 작품 자체가 아니라 아이가 학습하는 방식입니다. 무엇을 만들어내느냐가 중요하지 않은 유아기 아이가 내놓은 결과물의 질에 집착한다거나, 어른과는 전혀 다른 방식으로 학습하는 아이에게 맞지 않는 방식으로 지도하려고 해서는 안 됩니다.

아이의 그림을 두고 명확하지 않은 설명을 시도하는 것도 좋지 않습니다. 물론 아이의 그림이 발달 과정을 보여주는 요소이긴 합니다만, 교사와 부모가 이런 문제까지 고려할 필요는 없습니다. 아이의 행동을 곁에서 지켜보고 이해하려고 노력하는 것으로 충분하지 않을까요? 아이가 앞에 놓인 종이에 색연필을 사용하는 흥미로운 방법을 발견했다는 사실을 알게 되었고, 여러 가지 시도를 통해 색연필의 다양한 쓰임새를 찾고 있다는 사실도 알게 되었으며, 그것을 의미 있는 일이라고 생각한다고 아이에게 말해주는 것으로 충분하지 않을까요?

그림의 예술적 의미, 표현력 따위는 전혀 아이의 관심사가 아닙니다. 물론 아이의 사고가 형성되는 과정에서 아이를 지지하고 아이의 행동에 더 큰 가치를 부여하는 것은 필요합니다. 하지만 이런 지지를 아이와 직접 관련된 것, 아이에게 의미 있는 것에 국한할 뿐, 거기에 우리의 예측이나 요구, 기대가 개입되어서는 안 됩니다.

색연필을 입으로 빨고, 여기저기 낙서하고, 종이에 그림을 그리는 데 사용하고, 바닥에 떨어뜨리기도 하면서 아이가 알고자 하는 것이 무엇인지를 이해하려고 애쓰는 것은 아이가 사는 그 기이한 세계를 받아들인다는 의미입니다. 그것은 또한 아이가 인정받기를 원하는 자신만의 가설로 입증하려는 것을 수용한다는 의미이고, 지금 아이가 상상하는 것이 바로 내일의 세계를 창조하는 방식이라는 것을 인정한다는 의미입니다. 아이의 기이한 탐구에 동참하는 것은 이미 만들어져 바꿀 수 없는 현재의 세계에 머물기를 강요하는 것보다 훨씬 발전적인 자세입니다. 한마디로 말해서 아이는 '학자'와 같은 존재입니다. 많은 것을 알고 있거나, 여러 가지를 빨리 배우기 때문이 아니라 끝없이 탐구하고, 시도하고, 만들어내고, 그렇게 훨씬 더 많은 현상을 이해하게 되고, 그래서 우리가 아직 알지 못하는 세상을 창조할 것이기 때문입니다. 실제로 탐구하는 사람은 아이처럼 행동합니다. 가설을 세우고, 그것을 증명하려고 노력하죠. 아이는 탐구자입니다!

미술 활동에 아이와 함께하기

놀이 교사들이 미술을 주제로 직업 화가와 양로원 노인들을 초대하여 아이들과 함께 참여하는 미술 교실을 기획합니다. 화가는 종이를 앞에 두고 앉아 있는 아이들과 노인들에게 이런저런 충고를 하지만, 아이들은 그의 말을 전혀 이해하지 못합니다(노인들도 이해하지 못하기는 마찬가지입니다). 화가는 여러 가지 색의 특징과 가능한 배색과 불가능한 배색, 색칠하는 법, 콜라주를 할 때 종이를 찢는 법 등 다양한 이야기를 들려주지만, 얌전히 앉아 있는 아이들은 아무런 반응도 보이지 않습니다. 그러나 각자가 혹은 여럿이 함께 작품을 완성하여 전시하는 것이 이 행사의 과제인 만큼, 무엇을 그리든 잘 그려야 합니다.

아이들은 사람들의 기대에 맞추기 위해 그림의 주제나 형태, 심지어 색도 통일해야 합니다. 보조 교사는 아이의 손을 쥐고 붓에 물감을 찍어서 종이 위에 올려놓고는 아이에게 어디에 색을 칠해야 하는지, 어떻게 칠해야 하는지를 말해줍니다. 아이들의 붓이 인물이나 사물의 윤곽을 조금이라도 벗어나면 교사는 즉시 아이들을 저지합니다.

"안 돼, 틀렸잖아! 여기에 칠하면 안 돼!"

아이는 화들짝 놀라 어른이 자기 손을 조종하도록 내버려둡니다. 손은 어른이 이끄는 대로 움직이고, 아이는 할 줄도 모르고 이해할 수도 없는 작업을 계속합니다. 평상시라면 무척 즐거워했을 종이 찢기도 이제는 시들합니다.

노인들은 관절염으로 굳어진 손가락을 움직이며 화가와 교사의 지시를 따릅니다. 그들에게는 그림으로는 자신을 표현할 기회가 전혀 없습니다. 아이들과 친분을 쌓을 기회도 없습니다. 옆 사람의 붓이나 물감을 쓰자고 말해볼 기회도, 종이 찢는 시범을 볼 기회도, 웃고, 화내고, 돕고, 다툴 기회도 없습니다. 놀이도, 관계도, 학습도 제대로 이루어지지 않습니다.

그러나 전시회는 지역에서 큰 반향을 일으킵니다. 전시장을 방문한 사람들은 노인들과 아이들이 어우러져 만들어낸 작품을 보고 감탄합니다. 그리고 행사를 기획하고 진행한 지도 교사들은 많은 사람의 찬사를 한 몸에 받습니다. 주최 측은 이 전시회의 목적이 아이들과 노인들이 상상력을 발휘하게 하는 데 있다고 설명하겠지만, 실제로 아이들은 상상력을 발휘할 기회를 전혀 얻지 못했습니다. 아이들이 어떤 존재인지, 어떤 방식으로 배우는지, 행동하고 탐험하는 것이 얼마나 필요한 일인지를 생각하지 않고, 아이들을 어떤 목적을 위해 이용하면서 자신들의 가치를 인정받는다면 이들을 진정한 교사라고 부를 수 있을까요?

그림을 그리는 것은 예술 행위인 것처럼 아이를 교육하는 것 역시 예술입니다! 아이와 함께 놀이 활동을 하다 보면 언제든 우리가 아이의 자리를 차지할 위험이 있음을 경계해야 합니다. 이런 활동을 우리가 주도하는 방식으로 기획할 때에는 진지하게 고민해야 합니다. 아이가 주체가 되어 활동하고, 어른은 아이들에게 가치를 부여하며 함께할 수 있게 기획해야 하며, 아이에게 하라고 하지도 말고, 아이를 대신하지도 말고, 아이가 스스로 할 수 있는 여지를 충분히 마련해줘야 합니다. 이것은 어른들이 우려하는 '자유방임'과는 다릅니다. 아이에게 행동의 자유를 허락하지만, 아이를 보호하는 행동의 범위를 정해주고 늘 지켜봐야 합니다. 다시 말해 어른이 아이에 대해 아무것도 하지 않는다는 것을 뜻하지 않습니다.

어른이 해야 할 일은 따로 있습니다. 고정관념에서 벗어나, 아이가 시도한 활동의 결과를 중시하거나 과도한 기대를 걸지 말고 오로지 아이의 행위에 가치를 부여해야 합니다. 예를 들어 아이가 그리는 선과 사용하는 색에 대해 이야기하고, 아이가 발견하고 느끼는 즐거움, 다른 사람과 맺는 관계에 대해 함께 대화하는 겁니다. 아이의 행동을 분명한 언어로 표현해주면, 아이는 그것을 기억에 깊게 새길 수 있고, 자신감을 가지며 더 멀리 나아갈 수 있습니다. 결과를 보지 말고 행동을 보세요! 목표를 보지 말고 과정을 보세요!

　　아이들이 미술 활동을 준비할 때에는 아이 키에 맞는 책상에 종이와 물감을 준비하고, 색연필을 넣을 통과 상자도 준비합니다. 그러면 그림 그리기 놀이가 이 통에서 저 통으로, 통에서 상자로 색연필을 옮겨 담는 놀이가 될 수도 있습니다. 아이가 바닥에 자리를 잡고 놀 수 있다는 사실도 고려해야 합니다. 아이들이 자유롭게 옮겨 다닐 수 있게 탁자 주위에 의자를 놓지 마세요. 통과 상자, 색연필이 다른 책상이나 바닥에 놓여 있으면, 아이는 자기 마음에 드는 재료를 찾아 돌아다닐 수도 있습니다. 바로 이런 배려가 아이에게 생각을 촉발합니다. '색연필, 통, 상자, 종이를 가지고 무얼 할까? 낙서할까? 종이를 찢을까? 옮겨 담을까? 몇 개인지 세어볼까? 색에 따라 분류할까? 입에 넣고 빨까? 저쪽에 가져다 놓을까?' 어른이 기회만 준다면, 아이가 할 수 있는 일은 한두 가지가 아닙니다. 그러나 아이가 할 수 있는 행동의 범위는 분명히 정해줘야 합니다. 예를 들어 색연필은 이 방에서만 가지고 놀아야 한다거나, 벽에 낙서하면 안 된다는 등의 범위를 정해줄 수 있겠죠.

　　하지만 우리가 잊지 말아야 할 것은 아이의 놀이에 끼어들어서 자의적으로 간섭하지 말아야 한다는 사실입니다.

　　"색연필은 그만 가지고 놀고 그림이나 그려라!"

　　아이는 자발적으로 즐겁게 놀 때 가장 많은 것을 가장 창의적으로 배웁니다. 어른의 지시에 따라 무언가를 할 때에는 충분히 배울 수 없습니다. 그럭저럭, 어른의 요구를 충족할 뿐이죠.

제6장
아이는 왜 비둘기와 놀기를 좋아할까?

토머스 발메스 감독의 「베이비」[4]는 지구의 각기 다른 곳에서 네 명의 아기가 태어나는 순간부터 18개월이 될 때까지의 성장 과정을 카메라에 담은 다큐멘터리 영화입니다. 우리는 나미비아의 포니아오, 몽골의 바야르자갈, 일본의 마리, 그리고 미국에 사는 하티가 생애 최초의 발견과 최초의 학습을 하는 과정을 지켜보게 됩니다. 영화는 엄마와 함께 동물원에 간 마리가 호랑이를 보지 않겠다며 우는 모습을 보여줍니다. 마리는 유모차에서 내리지도 않고, 동물들과 눈을 마주치지 않으려고 애씁니다. 겁에 질리고, 싫증이 난 아이는 고개를 돌려버립니다.

　　　하지만 아이들은 원래 동물을 좋아합니다! 아주 어릴 때부터 동물에 관심을 보이죠. 몽골 아기 바야르자갈의 일상을 보면, 아이는 염소와 암소 무리 한가운데 태연히 자리를 잡고 있습니다. 염소들은 아이의 목욕통으로 물을 먹으러 오고, 아이는 암소 무리가 목을 축이러 오는 물통 옆에서 네발로 기면서도 전혀 두려워하지 않습니다. 아이는 고양이와 놀듯 암탉과도 놉니다. 동물들은 아주 가까이에서 아이 주위를 맴돌고, 아이는 이 살아 있는 물체를 잡으려고 쫓아다닙니다. 아프리카 나미비아의 아기 포니아오도 개와 함께 놀면서 전혀 두려워하지 않고, 개의 입술을 쳐들고 신기한 듯 송곳니를 들여다보기도 합니다.

　　　'더 문명화'되었다는 나라에서도 많은 아이가 집에서 기르는 개의 털을 붙잡고 일어서거나 걸음마를 합니다. 가축(家畜)은 그 이름이 말하듯이 아이에게 가족 같은 존재입니다. 가축은 아이의 풍경과 습관의 일부를

---

4) Babies: 2010년 알랭 샤배(Alain Chabat)가 제작하고 토머스 발메스(Thomas Balmes)가 감독한 프랑스 다큐멘터리 영화로 지구의 서로 다른 지역에서 태어난 네 명의 아기가 각기 생애 첫해를 보내는 모습을 관찰하고 기록했다.

이루고, 아이에게 가까이 다가갈 수 있습니다. 그러니 아이는 가축이 두렵지 않죠. 하지만 동물원에 있는 동물들은 다릅니다. 유리 벽과 울타리, 해자 너머에 있는 이 색다른 동물들은 아이에게 무섭거나 흥미 없는 존재입니다. 너무 위험하고 너무 기이하냐고요? 물론입니다! 하지만 그보다는 아이와 동물 사이에 상호 작용이 이루어질 가능성이 너무 작다는 것이 문제죠. 앞서 말했듯이 아이는 자신을 둘러싼 세계를 발견하고 이해하는 수단으로 오감, 즉 시각, 청각, 후각, 미각, 촉각을 사용합니다. 이런 감각들을 전방위적으로 활용하는 것이 아이의 특성입니다. 아이의 세계에서는 무엇보다도 감각이 우선하기 때문입니다. 이런 특성은 아이를 구체적인 표현이 결여된 상태가 아니라 오히려 우월한 위치에 놓이게 합니다. 아이는 아직 영역별로 완전히 전문화되지 않았기에 제멋대로 여러 방면으로 쓸 수 있는 지각 도구를 갖추고 있는 셈입니다.

아이는 왜 동물원 코끼리보다 비둘기를 좋아할까?

아이는 여러 감각 기능으로 동시에 사물을 파악하고, 다른 경로로 감지된 느낌들을 연결합니다. 듣거나 맛을 볼 때 눈도 사용하고, 손보다 입으로 촉감을 더 잘 느끼기도 합니다. 자신을 둘러싼 세계를 게걸스럽게 자신의 내면으로 집어삼킨다고나 할까요? 아이는 어떤 감각도 제한하지 않고, 서로 구분하지도 않으며, 세계를 감각으로 인식하여 자신의 고유한 언어로 분석한다고 말할 수 있습니다. 게다가 이렇게 독특한 인식으로 관념적인 표현을 만들어낼 능력도 있는 것 같습니다. 아이가 이 독특한 인식을 통해 습득한 정보는 마치 일반적인 모든 감각 조직을 초월한다는 듯이 단지 어느 한 감각을 통해서만 처리되지 않습니다. 아이는 무제한으로, 모든 방향으로 감각을 활용하고, 이 민감한 감각 능력을 통해 자신만의 어떤 일관성을 끌어냅니다. 생각을 정하면, 느낌에 따라 행동하려고 전체적인 감각의 흐름을 재구성합니다. 그리고 자신을 둘러싼 환경에서 변하는 것과 변하지 않는 것을 식별하고, 거기에 따라 감각과 행동을 조절합니다. 이처럼 아이는 매우 과학적으로 자신을 둘러싼 세상에 대한 자신만의 고유한 이론을 도출합니다.

그런데 동물원에 있는 동물들의 경우에는 상호 작용을 할 수도 없고, 자신의 감각 세계에 들어오는 일도 없이 유모차에 앉은 채 멀리서 바라보는 정도로 감각 활동이 축소되면 아이는 흥미를 잃게 됩니다. 아이가 평소에 보지 못하는 이국적인 동물들을 보러 동물원에 가는 것이 어른에게는 문화 활동이고 즐거움을 공유하는 일이겠지만, 아이에게는 지각할 수 없는 낯선 대상을 그저 멀리서 바라보는 것뿐이니 실망스러운 겁니다. 너무 멀리 있고, 움직이지도 않고, 손도 닿지 않으며, 자신과 아무 관련 없는 것에 대해 아이가 무엇을 이해할 수 있을까요?

동물원에서는 오직 비둘기만이 혹시 떨어질지 모르는 과자 부스러기를 주워 먹으려고 유모차를 향해 다가옵니다. 아이는 가까운 곳에서 알아볼 수 있는 이 신기한 동물을 보고 열광합니다. 아이는 팔과 다리를 흔들며 소리를 지르고, 비둘기들은 공중으로 날아오릅니다. 그러고는 곧바로 다시 내려앉죠. 그러면 '비둘기 날리기' 놀이가 다시 시작됩니다. 비둘기가 날아간 것은 아이가 갑자기 팔과 다리를 흔들었기 때문일까요? 요란하게 소리를 질렀기 때문일까요? 비둘기는 아이에게 얼마나 가까이 다가올까요? 아이는 비둘기를 만져볼 수 있을까요? 이 순간 아이는 비둘기와의 사이에서 일어나는 일에 주체적으로 대응하면서 모험을 시작합니다. 유모차에서 내려온 아이는 서툰 걸음걸이로 비둘기들을 쫓아다닙니다! 이렇게 몸을 움직이는 것은 아이가 세상을 인식하는 데 꼭 필요한 일입니다.

그러나 동물원 우리 안에 있는 코끼리, 사자, 호랑이와 다른 동물들을 보러 온 부모는 아이의 주의를 비둘기로부터 돌리려고 애씁니다.

"저기 봐, 아가야. 코끼리가 응가하고 있어!"

'쉬', '응가'와 같은 말은 효과적으로 아이의 관심을 끕니다. 왜냐면 아이는 그런 것들이 자신과 관련 있다고 느끼기 때문입니다. 하지만 그때뿐입니다. 아무것도 달라지지 않으니까요. 아이와 코끼리 사이에는 어떤 상호 작용도, 놀이도 이루어지지 않습니다. 그런데 동물원 나들이에서 가장 기억에 남는 것이 무엇이냐고 물어보면, 아이는 '코끼리가 응가한 것'이라고 대답할 겁니다. 온종일 동물원의 동물들을 피해 다니고, 비둘기와 놀아보려고 애썼으면서도 아이의 기억력은 선별적으로 작동하여 아빠나 엄마가 심어준 기억을 실제 사건의 기억으로 인식합니다. 아이가 진정으로 관심을 보이는 세계에 부모가 함께할 수 없다는 것은 참으로 안타까운 일입니다! 비둘기를 잡으러 아이와 함께 뛰어다니거나 비둘기 흉내를 내며 종종걸음을 하고, 비둘기가 날아오르는 모습을 보며 환호하거나 자신은 날지 못한다는 사실을 슬퍼하지 못해 안타깝습니다. 동물원의 동물을 보러 가거나, 동물 이름을 가르치는 것처럼 우리가 필요하다고 생각하는 문화 활동을 하기보다는 아이가 진정으로 흥미를 느끼는 것을 탐구하고 학습했다면 훨씬 더 효과적이었을 겁니다.

모든 일에는 적합한 때가 있습니다! 유아기의 몇 가지 기본 학습은

'미래'라는 밭에 깊은 고랑을 만듭니다. 영화 「베이비」에는 걸음마를 연습하는 마리를 갈매기가 성가시게 하는 장면이 나옵니다. 마리는 갈매기를 붙잡으려고 하지만, 거의 손이 닿았을 때 갈매기는 날아가버립니다. 그러자 마리는 팔을 벌리고 즐거워하며 웃음을 터뜨립니다! 그러나 몇 걸음 떨어진 곳에 앉아 있는 마리의 아빠는 전화하느라 그야말로 미래의 밭에 고랑을 파고 있던 마리의 모습을 놓치고 맙니다.

아이가 동물을 체험하는 법

1980~90년대 어린이집에서는 선생님들이 아이들에게 슬라이드를 보여주곤 했습니다. 어린이집에도 최첨단 영상 시스템이 갖춰진 오늘날에는 격세지감이 느껴지지만, 그래도 지금으로부터 그리 오래지 않은 그 시절에 한 보육 교사가 동물원에서 직접 카메라에 담아 온 동물들의 슬라이드 사진을 보여주었습니다. 그렇게 환등기가 어린이집 흰 벽에 원숭이, 사자, 호랑이, 코끼리, 영양의 모습을 비췄는데, 교사는 조금 특별한 아이디어를 선보였습니다. 즉, 가족과 함께 있는 동물들의 모습을 카메라에 담았던 거죠. 이를테면 아빠 캥거루, 엄마 캥거루, 새끼 캥거루와 어미 배의 주머니 속에 들어 있는 아기 캥거루의 모습을 보여주는 등 다양한 종류의 동물을 가족 단위로 소개했습니다.

아이들의 반응은 어땠을까요? 대부분 아이들은 벽 앞에 서서 화면이 바뀔 때마다 흥분하여 탄성을 지르곤 했습니다. 말을 조금 할 줄 아는 아이들은 동물의 이름을 말하려고 애쓰거나, 동물의 울음소리나 동작을 흉내 내기도 했습니다. 어떤 아이들은 흥분한 다른 아이들이 만들어내는 그 신나고 전염성 강한 분위기에 이끌려 아무 생각 없이 소리를 질러댔습니다. 그런가 하면 몇몇 아이는 자리를 떠나 이리저리 돌아다니기도 하고, 다른 물건을 가지고 놀면서 영상이 펼쳐지는 벽 앞에 이따금 멈춰 서곤 했습니다.

교사도 아이들의 놀이에 참여했습니다. 한 슬라이드에서 다음 슬라이드로 넘어가는 사이에 교사는 의도적으로 기대와 흥분을 한껏 고조시키며 아이들을 조바심하게 했습니다. 그리고 아이들이 마음껏 자신을 표현하도록 내버려두었습니다. 아이들은 벽에 비친 동물을 잡으려고 두 손으로 움켜쥐고, 네발로 바닥을 기고, 손뼉을 치고 뛰어다니며 원숭이 흉내를 내고, 야수처럼 이와 손톱을 드러내기도 했습니다.

아이들은 자기가 보는 동물을 '체험'합니다. 동물을 느끼고, 동물이 되어보고, 그 동물에 대해 알게 된 것을 다른 아이들과 공유합니다. 그러니까 벽에 이미지가 투사된 동물을 본 다음, 그 느낌을 동작으로 표현해서 다른 아이들과 함께 그 동물을 식별하는 방법을 공유하는 겁니다. 실내는 아빠 사자와 엄마 곰, 아기 원숭이들로 가득합니다. 아이들은 마술처럼 나타났다 사라지는 슬라이드를 이용해 활발하게 모두 함께 놀이를 만들어냅니다. 어떤 아이는 사자가 되어 포효하고, 다른 아이는 원숭이처럼 펄쩍펄쩍 뛰고, 또 다른 아이들은 보아 뱀처럼 바닥을 기어갑니다.

인간의 음성언어보다 훨씬 먼저 발달하는 이 몸짓언어는 아이가 놀이의 대상으로 삼은 것을 '느끼게' 해줍니다. 음성언어와 마찬가지로 몸짓언어에도 성찰의 기능이 있습니다. 언어의 원래 기능은 자신을 표현하고, 생각을 전달하는 것만이 아니라 언어 사용자로 하여금 생각을 다듬게 하는 데 있습니다. 우리가 생각을 말과 행동으로 옮기는 과정에서 생각은 더욱 깊어지고 현실감각 역시 더욱 예민해집니다. 말과 행동은 일시적인 해석과 표현의 양식입니다. 아이는 놀이를 만들어내면서 상상력을 발휘하고, 주변을 탐색하면서 이 놀이 저 놀이로 옮겨 다니는 가운데 행동을 통해 표현의 양식이 형성됩니다.

아이에게 필요한 것은 모험할 기회다

어른은 아이에게 모험할 기회, 모험을 즐길 기회를 제공해줘야 합니다. 위험하지만 않다면 어떤 형태의 모험이든 상관없습니다. 그러나 어른이 아이에게 '만들어준' 세계에서는 그런 모험을 할 수 없습니다. 보호막에 싸인 그 세계는 아무나 쉽게 접근할 수 없고 안전하기는 하지만, 아이는 그런 세계에 진정으로 열중할 수도 없고, 거기서 무언가를 얻을 수도 없습니다. 이 보호된 세계와 실제 현실 세계의 차이는 수영장과 바다의 차이와 같다고 할 수 있습니다. 똑같이 물로 채워진 공간이지만, 수영장의 물은 늘 통제되어 잔잔하고, 예측 가능하고, 수온의 변화도 없고, 수심이 얼마인지도 이미 알려졌습니다. 그래서 수영장은 안심할 수 있지만, 그 반면에 지루할 수도 있습니다. 하지만 바다는 끊임없이 움직이고, 변하고, 수심도 달라집니다. 해변에 잔잔하게 밀려오거나 거세게 몰아치는 파도는 단 한 번도 같을 수 없죠. 예측할 수 없는 바다는 안심할 수 없는 곳이지만, 아이의 발치에 엄청난 모험의 가능성을 가져다 놓습니다. 그 가능성은 여정과 도전, 과정이 되어 아이가 혼자서, 혹은 다른 사람들과 함께 놀이할 기회를 제공하고, 아이는 그렇게 성장하면서 자아를 형성해갑니다. 따라서 아이의 교육을 책임진 어른은 아이에게 무엇을 하게 할 것인지를 고민하지 말고, 어떻게 바다와 같은 환경을 제공할 수 있을지를 고민해야 합니다! 다시 말해 아이에게 '늘 있지만 매번 다른' 환경, 끊임없이 모험하고 변화할 수 있는 조건을 만들어주려고 노력해야 합니다. 파도와 해변은 미래에도 여전히 같은 모습이겠지만, 바다는 과연 어떤 상태가 될까요? 잔잔할까요, 큰 파도가 일까요? 색은 어떻게 변할까요? 파도는 해변에 어떤 것들을 쓸어다 놓고, 또 어떤 것들을 쓸어갈까요?

아이에게 예측하지 못한 발견의 기회를 줘야 합니다. 다양한 변화의 수평선을 열어줘서 아이가 거기서 흥미로운 것을 발견하고 또 만들어낼 수 있게 해줘야 합니다. 부모와 거주지의 사회적·물리적 환경에 따라 차이는 있겠지만, 아이에게 활동을 제안하고 아이가 탐구하고 학습하게 해줘야 한다는 사실에는 변함이 없습니다. 가능성, 의외성, 불안정성, 예측 불가능성과 같은 '바다'의 특성에 주목하고 아이에게 거기에 맞는 조건들을 갖춰줘야 합니다.

아이가 스스로 운동, 조작, 구성, 모방, 창조 등의 능력을 조합해서 어떤 행동을 할 때 어른은 그대로 따라줘야 합니다. 어른은 아이가 강요된 목적 없이 잘하고, 하면서 기쁨을 느끼고, 수월하게 하고, 시간의 제약을 느끼지 않고, 탐험가·과학자로서 재능을 발휘하고, 인지능력과 사회성을 단련하는 놀이를 즐기도록, 놀이가 의미 있는 것이 되도록, 모든 놀이를 자유롭게 '섭렵'할 수 있도록 선택의 폭을 넓혀줘야 합니다.

그것은 학교에서 슬라이드를 상영하는 것과는 전혀 다릅니다. 학교에서 아이들은 자리에 앉아서 꼼짝도 하지 않고 스크린에 나타나는 동물들을 침묵한 채 바라보고만 있어야 합니다. 물론 이렇게 하는 이유는 아이들이 서로 영상물 시청을 방해하지 않도록 하기 위해서입니다. 그러나 아무 반응도 보일 수 없는 아이들이 만족을 얻지 못하는 이런 프로그램이 무슨 소용이 있을까요? 부모의 기대와 달리 동물원에서 아이가 불안과 실망만을 느끼던 경우와 다름없습니다. 교사들은 시끄러운 아이들을 조용히 시키는 데 정신이 팔려 아이들이 어떤 놀이를 하고 있는지 눈여겨볼 틈도 없습니다.

더 나쁜 것은 아이에게 지난 활동을 되새기게 하는 '숙제'를 주는 겁니다. 이전에 본 것을 그림으로 그리거나 이야기하라고 요구하는 거죠. 그것도 아이의 관심은 이미 전혀 다른 곳에 쏠려 있는데 말입니다! 이것은 아이가 학습하는 방식을 전혀 이해하지 못한 데서 비롯한 처사입니다. 유아기의 아이에게는 움직이고, 행동하고, 몸을 사용하고, 체험하고, 흉내 내는 것이 매우 중요합니다. 아이는 마음을 활짝 연 상태로 매 순간 아무런 금기 없이 생각하고, 외부의 모든 자극을 그대로 받아들이죠. 그런데 유아기 아이의 이런 학습법을 이해하지 못하는 어른은 아이가 산만하고, 집중력이 모자라며, 변덕이 심하고, 쉽사리 싫증을 낸다고 판단합니다. 물론 이런 판단은 잘못된 겁니다!

아이는 자신에게 제공된 정보를 선별하지 않고 엄청난 집중력을 발휘하여 모두 대응하려고 애씁니다. 그러나 모든 정보에 동시에 대응하는 것이 아니라 하나의 문제에 몰입했다가, 새로운 문제가 제기되면 관심을 곧바로 그 문제로 옮겨 갑니다. 그래서 만약 아이가 손에 쥔 물건을 빼앗고 싶다면, 아이가 관심을 보일 만한 다른 물건을 보여주면 저항 없이 손에 쥔 것을 내줍니다. 왜냐면 새로운 물건에 온통 마음을 빼앗기게 되니까요.

아이를 따라가자

고양이를 키우는 집에서는 아이가 고양이를 따라다니고, 만지려 하고, 꼬리를 잡으려고 쫓아다니는 모습을 흔히 볼 수 있습니다. 아이는 숨어 있는 고양이를 나오게 하거나, 손이 닿지 않는 높은 곳에 올라간 고양이를 잡으려고 애씁니다. 이럴 때 어른은 고양이에 대한 아이의 관심을 이해하고, 고양이가 행동하고 인간과 의사소통하는 방식에 대한 지식을 아이와 공유해야 합니다. 부모는 아이에게 이런 질문을 던질 수 있습니다. '고양이가 가르랑거리니? 아니면 야옹 하고 우니? 고양이는 기분이 좋은 걸까? 아니면 화가 난 걸까?'

어른이 아이의 안전을 위해 곁에서 지켜보고, 아이가 고양이를 함부로 다루지 않게 한다면, 아이는 고양이와 마음껏 놀 수 있습니다. 하지만 동물원의 고양잇과 동물들과는 함께 놀 수 없죠. 아이가 생명이 있는 존재란 어떤 것인지, 그들이 어떤 방식으로 행동하는지를 알려면, 다가가서 직접 만져보고, 실제로 체험할 수 있어야 합니다. 왜냐면 상대가 어떤 존재인지, 자신과 어떤 점이 같고 다른지를 배우려면, 상대와 관계를 맺어야 하니까요. 아이도 고양이처럼 네발로 기어 다니지만, 고양이처럼 뛰어오르지는 못합니다. 아이도 고양이처럼 먹을 때 이를 사용하고, 때로는 고양이처럼 이로 물어뜯기도 하죠. 하지만 고양이는 아이에게 없는 날카로운 발톱이 있습니다.

아이가 동물과 같이 놀고, 다가가고, 가까이서 관찰하고, 무엇보다도 동물의 놀이에 참여할 수 있다면, 아이는 동물과 더불어 많은 것을 배울 수 있습니다. 아이가 두두 인형을 흔드는 동작은 특히 고양이를 즐겁게 합니다. 고양이는 인형을 낚아채려고 하고, 아이는 다시 인형을 흔듭니다. 고양이가 자기 행동에 반응을 보였으니까요.

어른은 아이에게 기억을 더듬어 '숙제'를 하게 하는 역할을 해서는 안 됩니다. 아이를 유모차에 태워 동물원을 '산책시키는' 것도 어른의 역할이 아닙니다. 어른의 역할은 아이가 흥미 있는 주제를 관찰하고, 그것을 이용해서 스스로 행동하고, 변형하고, 탐구하고 다른 가능성을 가늠할 기회를 제공하는 데 있습니다. 그렇게 하면 유아기의 아이는 효과적으로 학습할 수 있습니다. 아이가 유모차에서 내려 비둘기를 쫓아다닐 수 있다면, 동물원의 비둘기는 매력적인 학습 대상이 될 수 있습니다. 아이가 원하는 대로 움직이고 돌아다닐 수 있다면, 슬라이드를 보는 수업도 즐겁게 배우

는 행복의 시간이 될 수 있습니다. 한 가지 분명한 점은 어른의 너그럽고, 주의 깊고, 공감하는 태도가 이 모든 것을 가능하게 하는 촉매제가 된다는 사실입니다. 그러니 아이가 우스꽝스럽게 사자 흉내를 내고 이를 드러내 보일 때, 비둘기처럼 날아오를 태세로 날갯짓을 할 때 아이의 마음을 이해 하려고 노력해보세요. 그렇게 우리는 많은 상황을 아이와 공유하면서 아 이에게서 많은 것을 관찰할 수 있고, 또 관찰한 것을 아이에게 말해줄 수 있습니다! 아이를 앞서 가거나, 아이에게 따라야 할 지침을 주거나, 우리가 원하는 것을 하라고 강요하거나, 아이에게 결과나 얻어야 할 능력을 기대 하지 말고, 그저 아이를 따라가는 노력을 기울이는 것이 중요합니다.

　　어른은 정말 많은 계획을 세울 수 있습니다! 곤충이나 뱀 사진을 준 비하고, 동물들의 울음소리를 들려주세요. 방 한쪽에 플라스틱이나 천으로 만든 동물 인형들과 그것들을 담을 바구니, 또는 아이가 동물 우리를 만들고 싶을 경우를 대비해서 나뭇조각을 놓아두세요. 그리고 지켜보세요. 아이들이 어떻게 서로 관계를 맺고 친해지는지, 무언가를 만들거나 아니면 교사들이 미처 생각하지 못했던 어떤 활동을 하는지를 지켜보세요. 왜냐하면 아이만이 아니라 어른도 함께 성숙하는 것이 중요하기 때문입니다.

아이가 지식을 습득할 때 도움이 될 도구를 어른이 가져다줄 수 있을 때, 아이가 자신이 배운 것을 어른에게 보여줄 때, 아이가 어른 앞에서 자신이 아는 것을 자랑스럽게 펼쳐 보일 때, 그리고 예상을 뛰어넘어 아이가 더 멀리 나아갈 수 있는 잠재력을 갖추고 있음을 인식하게 될 때, 아이와 어른은 서로 성숙의 길로 이끌어줄 수 있습니다.

아이들이 학습할 때 그들과 함께한다는 것은, 이처럼 한 걸음 옆으로 물러나서 그들이 진정 어떤 존재인지, 무엇을 하는지, 어떻게 하는지를 배우는 것을 의미합니다.

제7장
아이는 왜 숨을까?

"나 여기 있다!"

숨바꼭질은 아이들이 아주 좋아하는 놀이입니다. 아이가 소파에 앉아 있습니다. 어른이 살금살금 소파 뒤로 가서 몸을 숨깁니다. 아이는 소파 뒤쪽을 살핍니다. 그때 바닥에 숨어 있던 어른이 벌떡 일어나 큰 소리로 외칩니다. "나 여기 있다!" 아이는 깜짝 놀라 까르르 웃음을 터뜨립니다. 이렇게 몇 번이고 숨었다가 나타나고, 아이는 그때마다 웃음을 터뜨리고 행복해합니다.

아이는 무엇을 하고 있는 걸까요? 정말 부모가 사라졌다고 믿는 걸까요? 단지 아이는 자신이 관심 있는 '사라지다', '다시 나타나다', '부재', '존재'와 같은 개념을 실현해보고 싶은 걸까요? 아이에게 이 놀이는 애착의 대상, 즉 엄마, 아빠, 형제, 친구, 교사 등과의 이별에 대처할 정신력을 길러주는 역할을 하는 걸까요?

예나 지금이나 애착 이론은 이런 종류의 놀이를 설명하는 데 매우 효과적입니다. 실제로 숨바꼭질과 같은 종류의 놀이가 아이에게 놀이라는 형식으로 슬픈 순간을 만들어내고, 그래서 조금씩 신뢰를 다져갈 기회를 제공한다고 생각하기는 쉽습니다. 이 이론은 갓난아기와 지속적으로 아기를 돌보는 사람 사이의 첫 상호 작용의 중요성을 강조합니다. 애착 이론의 전제는 어릴 때 한 사람 또는 여러 사람과 맺은 안정된 정서적 관계는 아이가 조화롭게 성장하는 데 꼭 필요하며, 그런 관계가 아이의 일생에 깊은 영향을 미친다는 것입니다. 학습이나 충동이 아닌, 애착이 아이의 삶에 필요한 기본 성향이자 없어서는 안 될 버팀목으로 다른 사람을 필요로 하는 마음이라는 것이죠. 초기 인간관계의 중요성에 대한 이 이론은 현대 아동심리학에서 중요한 위치를 차지하고 있습니다. 우리는 아이가 느끼는 애착 관계의 질과 안정감이 미래의 삶과 다른 사람들과 맺게 될 관계 전체에 영향을 미친다는 것을 잘 알고 있습니다. 애착의 개념 때문에 상대적으로 분리의 개념도 매우 의미 있는 것으로 여겨집니다. 애착 이론의 주요 개념은 아이가 애착 대상과 떨어질 수 있으려면 좋은 애착 관계가 필요하다는 것이니까요. 애착이 아이가 사회성을 형성하는 기반이 된다 해도, 아이가 애착 대상과 분리되면서 그로 인한 슬픔을 이겨내지 못하고 재회를 기뻐할 수 없다면 이 기반은 효과가 없습니다.

하지만 숨바꼭질 놀이에는 다른 목적이 있을 수 있습니다. 단지 헤어지고 다시 만나는 것을 경험하려고 숨바꼭질하는 것이 아닐 수도 있다는 뜻입니다. 아이는 숨바꼭질을 하면서 다른 소재와 마찬가지로 자기 감정을 놀이의 대상으로 삼는 것은 아닐까요? 혹은 사물의 몇 가지 물리적 상태를 이해하거나 실제로 체험하려고 그러는 것은 아닐까요? 다시 나타난 사람은 같은 사람일까요, 다른 사람일까요? 그 사람이 사라진 곳이 아닌 다른 곳에서 나타날 가능성은 없을까요? 그를 보지 않고 목소리를 듣는 것이 가능할까요? 그 사람은 동시에 두 장소에 있을 수 있을까요? 그는 계속 여기에 있는 걸까요? 아니면 보이지는 않지만, 동시에 존재하는 다른 세계에 있는 걸까요? 이 모두가 아이가 스스로 던져볼 수 있는 질문입니다. 아이는 애착의 문제만을 해결하는 것이 아니라 인과관계를 이해하려고 노력하는 과학자니까요.

아이는 눈을 가리면 자신이 보이지 않는다고 믿을까?

아이는 정말 눈을 가리면 자신이 보이지 않는다고 믿는 걸까요? 아이의 행동은 표현과 반드시 일치하지는 않습니다. 사실 아이는 자기 힘으로 움직이기 훨씬 전부터 물리적 법칙과 일반 원리들을 종합하는 능력을 갖춥니다.

눈만 가리면 몸 전체를 숨겼다고 믿는 아이의 이 행동을 우리는 오랫동안 영속성의 개념과 관련이 있다고 믿어왔습니다. 그러니까 아이는 물체가 보이지 않아도 계속 존재한다는 사실을 이해하지 못한다는 겁니다. 눈을 가렸으니 자신이 보이지 않는다고 생각하는 것을 아이가 감춰진 물건이 실제로 사라졌다고 믿고, 그래서 찾기를 포기하는 이 시기의 특징으로 생각한 겁니다. 그러나 오늘날에는 아이가 찾기를 포기하는 이유가 물체가 사라졌다고 믿기 때문이 아니라 감각 운동 능력이 부족하기 때문이라고 보는 것이 일반적인 견해입니다. 아이가 사라진 물체를 찾지 않는 것은 그것이 여전히 존재한다고 생각하지 못해서가 아니라 지적인 능력은 있어도 행동할 신체 능력이 없기 때문이라는 거죠. 아이는 4~5개월 때부터 눈앞에서 물체가 사라져도 계속 존재하고 있다는 사실을 이해합니다. 하지만 반드시 그것을 찾으려고 하지는 않습니다. 그러나 조금 더 성장하면 물체가 없다는 것을 분명히 알면서도 그것이 사라진 곳으로 갑니다. 물체는 사라지지 않고 보이지 않더라도 계속 존재한다는 사실을 알고 있기 때문입니다.

눈을 가려도 자신이 사라지지 않는다는 것을 안다면, 아이는 과연 무엇을 놀이의 대상으로 삼은 걸까요? 아이는 탐구하고, 생각하고, 상상합니다. 그리고 물체가 사라지지 않는다는 것을 알면서도 마치 사라진 것처럼 상상하며 놀고, 그렇게 행동합니다. 아이가 이렇게 행동하는 것은 현실과 허구를 구분하지 못해서가 아니라 '연기'하는 겁니다. 사자를 흉내 내며 놀거나 소꿉장난을 하면서 상상의 차를 마시는 것과 같습니다. 부모가 똑같이 행동하면 아이는 웃음을 터뜨립니다. 왜냐면 그것이 '놀이'라는 것을 잘 알고 있기 때문입니다. 아이는 '자신만의 영화'를 만들고, 스스로 감동합니다. 공포영화를 보는 어른의 반응도 똑같습니다. 우리는 그것이 허구라는 것을 분명히 알면서도 공포에 떨고, 심지어 화면을 보지 않으려고 눈을 감기도 합니다. 허구라는 것을 알면서도 멜로드라마를 보며 행복을 느끼고, 감동적인 결말에 눈물을 흘리기도 합니다.

그런데 어른들은 왜 아이가 현실과 비현실을 구분하지 못한다고 생각하는 걸까요? 아이는 물체가 스스로 움직이지 못하고, 인형은 말을 하지 못한다는 사실을 분명히 알고 있습니다. 하지만 그런 일이 생길 가능성을 부정하지 않을 뿐입니다. 바로 그 점이 어른과 다른 겁니다. 아이는 가능성이 있는 또 다른 세상, 나중에 오늘의 현실과는 다른 현실에서 창조하게 될 세상을 포기하지 않았을 뿐입니다. 바로 이것이 아이의 위대한 능력입니다. 아이는 기존 사실과 관련된 변수를 알아보고, 실험하며, 물질계가 어떻게 형성되었는지를 배웁니다. 그러면서도 상상의 세계를 포기하지 않습니다. 상상의 세계는 현실 세계에 대한 학습 기술이 축적되어 태어나니까요.

아이가 눈을 감아 자신을 보이지 않게 하려고 애쓴다면, 그것은 아이가 물체의 영속성을 이해하지 못해서가 아닙니다. 아이는 숨바꼭질 놀이를 하기 훨씬 전부터 이런 영속성을 알고 있습니다. 따라서 눈을 가린다고 해서 자신이 사라지는 것은 아니라는 사실도 잘 알고 있죠. 아이는 그것이 불가능하다는 것을 이해합니다. 하지만 아이는 쉽게 포기하지 않고, 사물의 인과관계를 이해하려고 계속, 반복적으로 탐구하고 시도하는 겁니다. 그리고 물체가 변하지 않는다는 사실을 확인하면서 세상의 물리적인 면을 학습합니다. 이렇게 확인한 사실은 다른 세계를 상상하고 훗날 세상을 변화시키는 데에도 중요한 역할을 하겠죠. 무언가를 여러 번 하는 것은 그것을 이해하는 데 매우 유용합니다. 아이에게 똑같은 이야기책을 매일 읽어주면 아이가 단어와 문장을 이해하는 데 유용할 뿐 아니라 이야기의 변하지 않는 요소를 확인하는 데에도 유용한 것과 마찬가지입니다.

아이는 확인해야 합니다. 지금 탐구하고 있는 것들에 언젠가 불가능을 가능하게 해줄 비결이 숨어 있을지도 모르니까요. 어쩌면 아주 어렸을 때 상상한 것을 나중에 발명하게 될지도 모르니까요. 투명인간, 순간 이동, 동시에 여러 장소에 존재하기, 가상현실……. 아이의 뇌는 유연해서 어른이 보기에 불가능한 생각도 거리낌 없이 받아들입니다. 아이에게는 그것이 불가능해 보이지 않으니까요. 사람은 달에 도착하기 오래전에 달 여행을 수없이 꿈꾸고 상상했습니다! 아이에게 그것은 허구가 아니라 탐구해볼 만한 여러 가능성 중 하나겠죠. '한 사람이 꿈꾼 것은 다른 사람이 이룰 수 있습니다!'[5]

아이는 사물과 사람이 어떻게 작동하는지를 이해하려고 노력합니다. 아이의 환경이 정보를 얻을 수 있는 상황이라면, 아이는 그 정보를 자기가 이전에 받은 인상과 통합하고, 그를 통해 상황을 파악합니다. 어떤 공간에는 몸을 온전히 숨길 수 있는데, 다른 공간에는 몸의 일부밖에 숨길 수 없다면, 아이는 몸을 완전히 가리려면 숨는 공간이 자기 몸보다 넓어야 한다는 사실을 이해합니다. 물건을 감출 때에도 마찬가지겠죠. 아이가 이런 실험을 할 수 있다면 여기에서 관련된 조건과 변하지 않는 요소가 무엇인지를 연구할 겁니다. 그래서 어떤 물체를 감추려면 그것을 가리는 물체는 더 커야 한다는 결론에 도달하겠죠. 하지만 그런 결론에 다다르려면 크고 작은 상자들을 여러 차례 다루어봐야 하고, 그렇게 해서 아이는 큰 상자를 작은 상자에 넣을 수 없다는 것을 이해할 겁니다. 불가능한 것, 서로 부딪치는 것들 때문에 아이는 물리적인 변수를 알게 되고, 그래서 실험으로 많

5) 19세기 프랑스 소설가 쥘 베른(Jules Verne)의 글에서 인용.

은 것을 얻게 됩니다. 우리는 아이가 실험할 수 있는 가장 좋은 조건을 제공해줘서 이런 미묘한 특성들을 이해할 수 있게 도와줘야 합니다.

아이에게 숨는 것은 하나의 실험이다

어린이집에서 아이들은 문 뒤나 탁자 아래, 인형 집 침대나 가구, 장난감 상자 같은 좁은 구석에 교묘하게 들어갑니다. 그래서 교사에게 혼이 나기도 하죠. 아이가 사라져서 찾아 나서기도 하고, 가구를 망가뜨리거나 다치기도 하니까요. 어쨌든, 숨는 것은 위험한 행동일까요? 바보짓일까요? 아닙니다! 아이에게 숨는 것은 학습에 중요한 실험입니다. 아이는 실험을 통해 사라지고 다시 나타나는 것뿐 아니라 높은 것과 낮은 것, 큰 것과 작은 것, 포함하는 것과 포함되는 것 등 물리적인 여러 개념을 이해할 겁니다. 아이는 머리로 이해하려는 것을 먼저 몸으로 실험합니다. 실험을 통해 현재와는 다른 현실을 상상하는 거죠. 아이가 드러눕기에 너무 작은 인형 침대는 침대가 아니라 하늘을 나는 양탄자이고, 인형의 집에 있는 세탁기는 우주선이겠죠. 물론 아이는 이것이 허구라는 사실을 잘 알고 있습니다.

　　모든 물건이 아이에게 호기심을 불러일으키지만, 어른은 함부로 손대지 못하게 합니다. 아이는 어른이 정해놓은 규칙대로 놀지 않으니까요. 아이는 수납장을 발칵 뒤집고, 소꿉장난 식기와 음식으로 바닥을 어질러놓고, 인형을 침대와 요람 밖으로 던집니다. 그러고는 그 안으로 뛰어 들어가 놀다가 다시 돌아와 소파 뒤에 몸을 숨깁니다. 그리고 고개를 내밀고 까딱거리고 웃거나, 소리를 지르다가 다시 머리를 숨깁니다. 아이는 마침내 제 마음대로 변형해 자기 것으로 만든, 그래서 흥미로워진 세계에서 놀고 있습니다. 물론 이런 행동이 어린이집 교사를 불안하게 하리라는 것은 충분히 이해할 수 있죠.

예측할 수 없는 행동을 하는 아이를 감시해야 하는 보육 교사는 늘 마음을 졸입니다. 하지만 어떻게 늘 아이를 지켜보고 있겠습니까? 교사가 잠시 눈을 돌렸을 때 아이들 사이에서 일어나는 충돌을 어떻게 막을 수 있겠습니까? 하지만 아이들이 관계를 형성하려면 서로 부딪쳐야 한다는 조건을 부정할 수는 없죠. 의견 일치, 협력, 모방, 협상과 마찬가지로 대립도 만남의 일부입니다. 함께 숨는다는 것은 행위의 공모자가 된다는 것을 의미하죠. 또한 다른 아이를 따라 숨는다는 것은 그 아이의 행동에 흥미를 느낀다는 증거입니다. 이런 놀이에서 아이들 사이의 만남은 생각보다 훨씬 더 은밀하고 다정한 분위기를 형성합니다. 어른이 개입해서 아이들 사이에 사랑을 경쟁하게 하는 상황과는 전혀 다르죠. 어른이 이야기책을 읽어줄 때 아이들은 서로 어른의 무릎 위를 차지하려고 다투는 일이 벌어지곤 합니다. 어른이 보는 앞에서 가장 치열한 싸움이 일어나는 거죠.

도구가 평범할수록 가능성은 크다

아이가 탐구할 때 사용할 물건을 만들어주면 더 좋은 효과를 얻을 수 있습니다. 숨을 수 있는 다양한 수단을 만들어주는 거죠. 이때 놀이의 주체는 어른이 아니라 아이라는 점, 그리고 물건을 정해진 용도로 쓰지 않는다면, 아이에게 필요한 것은 숨을 수 있고 상상할 수 있는 것이어야 한다는 점을 잊지 말아야 합니다. 또한 아이가 물리적 개념을 이해하기 위해 여기저기 물건을 어질러놓는 것도 허락해야 합니다. 설령 이런 행동으로 놀이 공간이 '난장판'이 되어도 아이는 물건을 이리저리 옮겨 놓으면서 새로운 경험을 하고, 그렇게 새로운 학습이 이루어지니까요.

공은 여러 가지 형태의 표면 위를 구를 때 같은 방식으로 굴러가지 않습니다. 공처럼, 둥글게 말아놓은 스카프는 빈 상자에는 들어가겠지만, 물건들로 꽉 찬 상자에는 들어가지 않겠죠. 이처럼 아이가 사물을 통해 추론할 수 있도록 꼼꼼하게 따져서 놀이 공간을 배치해야 합니다.

아이는 수북이 쌓인 옷 무더기에 몸을 파묻고 모습을 감춥니다. 자신이 완전히 사라지는 모험은 다른 인물로 가장하는 것보다 존재론적으로 훨씬 더 근본적인 경험입니다. 배트맨 가면을 쓰는 것은 상상력 차원에서 그리 흥미 있는 놀이가 될 수 없습니다. 인물의 성격과 이야기의 줄거리가 이미 정해진 배트맨이 될 수밖에 없으니까요. 아이에게 탐구의 동기를 부여하는 것은 공주나 해적처럼 보이게 하는 것이 아니라 사라진 자신이 아직도 다른 아이들에게 보이는지, 자신을 모자 속에 온전히 숨길 수 있는지를 확인하는 겁니다.

도구가 평범할수록 더 많은 가능성을 만들어낼 수 있습니다. 신발, 모자, 가방, 구두 상자, 여러 가지 색의 천 등은 용도에 따라 사용하기 이전에 물질적인 윤곽과 특성을 탐구할 수 있는 용기이자 내용물입니다. 아주 큰 셔츠는 상자만큼이나 그 안에 숨기 좋습니다. 아이가 구두 상자 안에 들어갈 수는 없지만, 두두 인형을 넣을 수는 있습니다. 아이는 왜 두두 인형과 함께 상자 속으로 들어갈 수 없을까요? 우리는 아이를 관찰하면서 아이가 도구를 어떻게 사용하는지를 분석해서 계속 새로운 물건을 제시해야 합니다. 물론 완성된 장난감이나 판매하는 제품보다는 빨리 제공해주기

어렵지만, 돈도 들지 않고 아이에게도 이롭습니다!

우리가 아이의 탐구 능력을 걱정할 필요는 없습니다. 아이를 꼼짝도 하지 못하게 하고, 자리에 앉아 있게만 하는 어떤 학습 활동보다도 이런 시도에서 아이는 훨씬 더 많은 것을 배운다는 사실을 믿고 안심해야 합니다. 움직일 수 없이 경직된 자세는 아이를 수동적으로 만들어 그만큼 학습에도 역효과를 냅니다. 교사가 진행하고, 설명하고, 지도하고, 아이에게 흥미 없는 일을 아이 대신 해주는 사이에 아이는 지루하게 기다리거나 화를 냅니다. 우리가 할 일은 아이가 마음껏 놀 수 있고, 아이에게 도움이 되는 놀이 공간을 만드는 겁니다. 왜냐면 깊이 고민해서 마련한 놀이 도구들을 가지고 놀이하는 것, 그것이 바로 학습이기 때문입니다.

아이가 마음껏 놀게 내버려두자

아이가 자기 마음 내키는 대로 만들어서 하는 놀이를 사람들은 '자유 놀이'라고 부르기도 합니다. 이것을 역설적으로 말하면 자유롭지 않은 놀이도 있다는 뜻이 되겠죠. 아이가 마음대로 놀이하게 내버려둔다는 것은 아이 자신이 흥미를 느끼는 놀이를 하고, 스스로 그 놀이의 주체가 되는 것을 허락한다는 것을 의미합니다. 이것은 '방임'과 전혀 다릅니다. 방임은 사실상 교육이 목적일 때, 제한을 두지 않는다는 개념이 포함된 어른의 특정한 태도를 가리킵니다. 방임과 놀게 내버려두는 것은 전혀 다릅니다.

하지만 우리는 이 두 가지를 자주 혼동합니다. 많은 교사가 자신은 여러 가지 업무를 하고 있는데, 그중 하나가 아이를 '놀게 하는 것'이라고 생각합니다. 우리는 보육 교사들의 이런 푸념을 자주 듣습니다. "오늘은 아이들에게 무엇을 하게 해야 할까?" 아이를 대상으로 하는 공공단체나 보육 시설에서는 아이의 놀이를 '지도한다'는 생각을 흔히 합니다. 아이에게 능력이 있고, 그 능력을 일깨우는 일이 중요하다는 사실을 깨닫게 되면서 교사가 놀이의 전부 혹은 일부를 지휘하는 활동도 많이 늘어났습니다. 그리고 이런 활동에 필요한 공간과 시간을 할애하는 계획을 세우면서, 이를 자유 놀이의 반대 개념으로 보고 자유 놀이를 대체하는 사례도 자주 볼 수 있었습니다. 그런데 이 활동을 여전히 놀이라고 말할 수 있을까요? 물론 아닙니다. 이 활동의 대부분은 학습입니다. 이 활동을 하면서 아이 나이에 적합한 놀이를 이용하고, 아이의 관심을 끌기 위해 흥미롭게 만들죠. 이른바 아이가 집중력을 발휘할 수 있게, 짧은 시간 아이를 조금이라도 더 집중하게 하려는 것이 그 목적입니다. 그러나 이런 활동은 오히려 그 구성과 내용에 따라 아이가 금세 싫증을 낼 수도 있습니다!

그래서 우리는 자연스럽게 '물놀이'라는 표현을 사용하는가 하면, '그리기 활동'이라는 표현을 사용하기도 합니다. 아이가 '물놀이'를 할 때에는 '그리기 활동'을 할 때보다 더 많은 자유를 줘야겠다고 생각하는 거죠. 어른은 아이가 물에서 놀 때에는 마음껏 놀게 내버려둡니다. 하지만 아이가 그림을 그릴 때에는 지시하고, 간섭합니다. 이것은 전문적인 교육 활동이니까요! 이처럼 어른은 아이의 놀이와 학습을 구분하려고 하지만, 유아기의 아이가 무언가를 배울 수 있는 것은 놀이를 통한 학습 활동 덕분이 아닙니다. 아이는 바로 놀이 자체를 통해 배웁니다.

그렇다면, 어떻게 아이를 '방임' 상태로 두지 않으면서 동시에 자발적으로 배우도록 유도할 수 있을까요? 어떻게 하면 어른이 대신하지 않고 아이가 스스로 놀이하게 할 수 있을까요? 그러려면 우리는 아이가 '왜' 놀이를 하는지를 알아야 합니다. 그리고 매우 다양한 가능성을 제공하는 환경에서 아이가 놀이를 가장 잘할 수 있게 자유를 허락해야 합니다. 이것이 바로 아이의 '진정한 학습'에 어른이 함께하는 방법입니다.

아이는 학습하기 위해 놀기도 하지만, 학습만을 위해 놀지는 않습니다. 아이의 환경을 구성하는 방법에 대해 어른에게 길을 제시하고 실마리를 제공하는 것은 바로 아이입니다. 그렇게 해서 자신의 놀이가 학습의 기회를 최대한으로 제공하게 합니다. 따라서 어른은 거꾸로 학습을 위해 아이가 놀게 해서는 안 됩니다. 유아기의 아이에게 어른은 안내자가 될 수 없습니다. 아이의 탐구에 눈높이를 맞추고, 어른이 보기에는 어리석고 비합리적인 행동이지만, 아이에게는 그것이 흥미로운 놀이임을 이해하려고 노력해야 합니다.

어른은 유아기 아이의 놀이를 지도할 수 없습니다. 왜냐면 어른은 아이가 하고 있는 생각의 차원으로 다시 돌아갈 수 없기 때문입니다. 아이로서 생각한다는 것은 이 순간을 살고, 자유롭게 연상하고, 마음대로 하고 싶은 것을 했다가 다시 무관심해지고, 눈앞에 펼쳐지는 뜻밖의 모든 일과 정보에 마음을 빼앗기는 것을 말합니다. 어른은 아이 마음대로 하도록 마련해준 놀이 도구, 아이의 행동을 돌보고 격려하는 너그러운 시선, 동참하는 몸짓과 표정, 의미 있는 말, 아이와 함께 있으면서 아이의 공간과 시간을 공유하고자 하는 관심을 통해 아이가 완전히 자기 마음대로 현실을 변형하고 시도하는 실험에 함께할 수 있을 뿐입니다. 교사와 마찬가지로 부모도 아이에게 학습하는 방법을 가르치는 것이 아닙니다. 배우지 않아도 아이는 자기 주변의 물체와 사람을 체험하고, 세계가 어떻게 작동하는지를 알고 싶어 합니다. 아이는 탐험가이고, 탐구자이며, 실험가입니다.

아이는 세상을 혼자 배운다

아이가 탐구할 때, 약간 정신이 이상한 학자처럼 통찰력 있고 창조적이지만 구체적인 행동으로는 이어지지는 못하는 아이디어가 넘치고 끓어오를 때, 우리는 어떤 태도를 보여야 할까요? 아이가 멀쩡한 방을 두고 후미진 구석을 찾아 들락날락하는 모습을 보면 어른은 화를 내기도 합니다. 하지만 자세히 들여다보면 아이가 이런 놀이에 몰두하면서 안과 밖, 보이는 것과 보이지 않는 것에 대한 정보를 수집하고 분석하고 있다는 것을 알 수 있습니다. 더구나 이런 개념들은 아이에게 매우 중요합니다.

아이가 혼자 놀이하게 내버려두되, 아이를 홀로 놀게 하지는 마세요. 아이는 혼자 세상을 배우고, 아이 곁에 있는 어른이 세상을 가르칠 수는 없지만, 역설적으로 아이는 주변 사람들이 자신을 지지한다고 느낄 때에만 배웁니다. 어른이 아이를 지지하고, 아이의 행동에 개입하는 정도와 잘 맞을수록 아이는 더 많이 배울 수 있습니다. 아이의 놀이에 개입한다는 것은 꼭 아이와 함께 논다는 것을 뜻하는 것이 아니라 아이에게 무언가를 말해주기 위해 곁에 있는 것을 말합니다. 우리 눈에는 어떤 점이 흥미로운지, 아이를 매혹시키고, 놀라게 하고, 화나게 하고, 두렵게 하고, 슬프게 하는 것은 무엇인지를 말해주는 거죠. 아이에게서 읽을 수 있는 모든 감정을 말입니다. 이런 감정은 아이가 느낀 것뿐 아니라 세계에 대해 이해하려고 노력하는 것을 표현하는 방법이기도 합니다.

어떤 부모는 이렇게 말합니다.

"우리 애는 참 이상해요. 바보 같아요. 손으로 자기 얼굴을 가리면 자기가 보이지 않을 거라고 생각해요."

어떤 교사는 이렇게 말합니다.

"그 애는 좀 모자란 것 같아요. 자기가 눈을 감아도 세상이 사라지지 않는다는 걸 여태 몰라요."

하지만 주위를 보지 않으려고 손으로 얼굴을 가리는 것은 넓은 의미에서 성찰에 속하는 행동입니다. 왜냐면 이런 행동은 다른 사람을 의식하고, 다른 사람의 생각을 마음속에 그려본다는 것을 전제로 하기 때문입니다. 아이가 비이성적이거나 미성숙한 것이 아니라 어른과 다른 것뿐입니다. 아이는 우리와 다르게 생각하지만, 그 흔적이 아직도 우리에게 남아 있다는 것을 확인할 수 있습니다. 예를 들어 우리도 어떤 어려운 문제를 피하고 싶을 때, 너무도 부끄럽거나 괴로울 때 얼굴을 가리지 않습니까?

아이의 학습에 관심이 있다면 도와주세요. 그리고 아이가 얼굴을 가리면 이렇게 말해주세요.

"너, 숨었구나! 너한테 내가 안 보일 거야. 하지만 알고 있니? 내게는 네가 여전히 보인다는 걸?"

또 이렇게 말해주세요.

"다른 사람이 너를 보지 못하게 하려고 숨었구나. 네 눈이 손 뒤에 숨어서 나한테는 보이지 않는구나."

이런 말은 아이에게 의미가 있습니다. 아이가 무언가를 실험하고 있고, 아이에게도 제 나름대로 생각이 있으며, 의문을 품고 해답을 찾고 있음을 우리가 이해하고 있다는 것을 알려줄 수 있으니까요.

제8장
아이는 왜 텔레비전을 볼까?

아이가 세 살 전에 TV를 보는 것은 거의 모든 이가 반대합니다. 아동 정신 의학자, 유아 전문가, 교육학자, 심리학자, 보육 전문가와 유치원 교사들도 대체로 같은 의견이죠. TV나 컴퓨터, 심지어 유아용 게임기도 좋지 않다고 들 합니다. 그런데도 TV가 없거나, TV 없이 살겠다는 가정은 찾아보기 어렵습니다. 집 안 곳곳에 평면 와이드 TV가 있습니다. 아이 방에도 있고, 어떤 집은 주방에도 있습니다. 아이의 식사를 준비하고 밥을 먹이는 동안에도 좋아하는 프로그램을 놓치면 안 되니까요. 자동차 앞좌석 등받이에도 TV가 달려 있어서 먼 길을 가는 동안, 아이는 화면에 정신이 팔려 있게 마련입니다. 컴퓨터 모니터도 어디나 있고 형이나 누나가 일찌감치 아이를 비디오 게임에 입문시키죠.

그러니 어떻게 모든 전문가가 반대하는 아이의 TV 시청을 막을 수 있겠습니까? 아이가 좋아하는 만화영화를 보겠다고 떼를 쓰는데 어떻게 TV 전원을 차단할 수 있겠습니까? 일부 강경파는 이렇게 말하겠죠! "아예 처음부터 보여주지 말았어야 했다!" 아니면 "의식이 있는 부모라면 단호하게 안 된다고 말할 수 있어야 한다!" 하지만 계속 "안 돼!"라고 말하며 버틸 수 있을까요? 집에서 온종일 "안 돼!"만을 외칠 수 있을까요? 보육 시설에서, 아이의 조부모 댁에서, 삼촌과 숙모의 집에서도 "안 돼!"라고 말할 수 있을까요? 그보다는 TV나 컴퓨터를 이른바 '교육적'인 도구로 사용한다는 몇몇 어린이집이나 유치원 같은 곳에 항의하는 편이 훨씬 더 쉬울 겁니다. 그런데 이런 기관들은 정말 교육적인 의도로 TV나 컴퓨터를 사용하는 걸까요? 아니면 잠시 아이를 '맡겨놓는' 임시 수단으로 사용하는 걸까요? 그리고 교육 목적이라면, 유아라 해도 TV 시청을 허용해도 되는 걸까요? 논쟁이 뜨겁습니다.

그런데 오늘날 문화는 아이를 태어나면서부터(아니, 어쩌면 태어나기 전부터) 영상 중심의 사회에 귀속시킵니다. 그렇습니다. 이 세계는 영상이 지배하는 세계입니다. 이 세계는 또한 아이의 세계이기도 하죠. 이 세계는 아이에게 점점 더 일찍 신기술과 관련된 다양한 매체에 대해 학습하기를 강요하고, 우리는 아이가 점점 더 부모의 영향권을 벗어나고 있음을 인정할 수밖에 없습니다. 아이가 사회에 속한 존재라는 사실은 가정의 안과 밖에서 이루어지는 이중의 사회화 과정에서도 드러나고, 아이를 보호한다는 명목으로 규정된 모든 지위와 피할 수 없을 만큼 쏟아지는 상업 문화적인 제안들을 봐도 알 수 있습니다.

　　아이는 이제 마케팅 시장 밖에 있을 수 없습니다. 장난감만이 아니라 점점 더 고도화하는 이른바 '육아법' 관련 제품들, 아이를 어른의 축소판으로 만드는 유아복을 봐도 알 수 있습니다. 미디어에 자주 등장하는 아이를 대상으로 한 문화 상품의 생산과 경쟁에서 보육 분야가 이룬 약진은 말할 것도 없습니다. 초현대적인 디자인과 기능으로 사치스러운 패션 용품이 되어버린 유모차처럼 유아복도 이제는 일류 브랜드의 최신 유행을 따라가고 있습니다. 6개월이 안 된 아기도 유행하는 명품 운동화를 신을 권리가 있습니다!

　　육아법은 유행의 첨단을 걷고, 아기를 대상으로 한 문화도 주류를 이루고 있습니다. 그 증거로 파리의 라빌레트 과학 산업 전시관은 입장할 수 있는 아이들의 연령 제한을 낮췄습니다. 이제는 2세에서 7세까지의 아이들이 "나를 발견하기", "나는 할 줄 알아요", "나는 지금 실험 중"과 같은 제목의 전시를 관람할 수 있게 되었죠. 프로그램 전체가 아이를 하나의 인격체로 보고 이 '작은 인간'의 자아를 형성하는 쪽으로 방향을 설정했고,

그 안에 "언어를 사용하지 않고 소통하기", "조기교육의 기초가 되는 모방", "손재주를 길러주는 섬세한 운동", "아이의 발달 정도를 반영하는 인물 그리기", "영상과 함께하는 아이의 생활"과 같은 항목이 들어 있습니다. 우리가 원하든 원치 않든 아이는 태어나면서부터 영상의 세계에 빠져듭니다.

TV가 아이에게 위험한 진짜 이유

TV 영상을 본다는 것은 아이에게 어떤 의미가 있을까요? 수많은 이미지가 엄청나게 쏟아지는데, 아이는 어떻게 자신의 고유한 이미지를 만들어갈 수 있을까요? 아이의 생애 첫 발견들이 TV의 영상들을 바탕으로 이루어진다면, 아이는 어떻게 자신의 상상 세계를 건설할 수 있을까요? 아이가 자신이 보는 것을 마음대로 변형하고 새로운 것을 만들어낼 수 없다면 어떻게 자유롭게 성장할 수 있을까요?

바로 이것이 책과 TV의 내용물이 다른 점입니다. 책이라는 물체는 만질 수 있고, 아이가 주체가 되어 페이지를 넘겨서 거기에 그려진 실제 이미지를 나타나게 하거나, 어른이 읽어주는 것을 듣고 머릿속에 그려볼 수 있습니다. 그러나 아이가 TV 화면을 만진다고 해서 이미지가 달라지지도 않고, VTR을 되감기해서 앞뒤로 옮겨 가도 완성되어 방출되는 이미지를 바탕으로 새로운 것을 만들어낼 수 없습니다. 단지 리모컨 조작이 능숙해질 뿐이죠!

그런데 책은 어른과 함께 볼 때에만 진정으로 아이의 관심을 끕니다. 아이에게는 책을 읽어주고, 그림 이야기를 함께 나눌 어른이 필요합니다. 아이가 보고 들은 것에 대해 느낌을 표현할 때, 그 이야기를 들어줄 어른이 필요한 거죠. 그렇게 할 때만 아이는 책을 흥미 있는 사물로 여깁니다. 아이는 어른 옆에 꼭 붙어서 책을 만져보고, 그림을 가리키며 반응하고, 책장을 넘기며 어른과 상호 작용을 합니다. 이때 책은 교사가 교실에서 전체 아이들에게 읽어주는 책과 다릅니다. 교실에서 아이들은 얌전히 앉아서 교사가 읽어주는 책의 내용을 듣죠. 교사는 이따금 책을 들어 올려 그림을 보여주기도 합니다. 그러나 아이들은 멀리서 잘 보이지 않는 그림에서 무언가를 생각해내기 어렵습니다. 그래서 책은 정서적으로도 먼 이야기가 되어버리고, 아이들은 금세 듣기를 포기합니다. 아이들은 교사와 아무런 상호 작용도 하지 못하고, 책 읽는 소리를 듣기보다는 옆에 앉은 친구와 몰래 하는 장난에 더 열중합니다.

유아기의 아이들은 청각과 시각만큼이나 촉각으로 책을 파악합니다. 시간을 내서 아이와 함께 책을 읽으며 시간을 보내는 어른과의 애정 어린 관계에서 안정감을 느끼기 때문이죠. 이렇게 해서 책 읽는 '취향'이 아이에게 생깁니다. 책은 아이가 즐거움을 느끼는 무엇인가를 만들어낼 수 있는 다른 놀이 도구처럼 학습의 도구가 됩니다.

이와 마찬가지로 화면도 아이의 감각 능력에 호소합니다. 영상과 소리는 아이를 매료하죠. 그래서 아이는 눈앞에서 흘러가는 영상을 보며 멍하니 앉아 있는 걸까요? 자기가 만져볼 수도, 책장을 넘길 수도 없는 책을 보고 있을 때와 흡사합니다. 조절할 수 없이 스피커에서 흘러나오는 음악을 들을 때와도 비슷하죠.

그런데 대부분 전문가는 어떤 경우에 TV가 아이에게 위험하다고 말하는 걸까요? 그것은 아마도 TV 화면 앞에 아이를 '방임'하는 경우겠죠.

그러나 가장 위험한 것은 아이가 어른이나 다른 아이들과 함께 놀이할 때 이루어지는 상호 작용이 줄어든다는 점입니다. 아이는 영상에 정신을 빼앗긴 채, 위안과 도취 상태에 틀어박힐 수 있습니다. 그러면 아이의 언어 습득이 늦어지고, 인지 발달에도 좋지 않을뿐더러, 사람들과의 관계에서 구경꾼의 자세에서 벗어나 적극적으로 개입하며 사회성을 발휘하는 능력에 문제가 생깁니다. 수동적으로 TV를 너무 자주 시청하면, 아이는 이처럼 세상에 대해 단순한 구경꾼으로 남게 되고, 세상에 영향을 미치는 능력 있는 주체가 되지 못합니다.

아이에게 무엇보다도 위험한 것은 바로 '방임'입니다. 우리는 자기 일에 몰두하기 위해 아이를 가상의 육아 도우미인 TV 앞에 내맡기곤 합니다. 이런 일은 매트 모빌의 경우에도 일어납니다. 아이의 시선을 끄는 거울과 방울, 아이가 손을 뻗어 건드릴 수 있는 종 같은 것들이 달린 매트 모빌에 누워 있는 아이는 어른이 옆에 없거나 옆에 있더라도 감정 교류를 하지 않는다면 역시 방임 상태에 놓이게 됩니다. 아이와 어른의 정서적 교류는 우주선에 매달린 우주 비행사처럼 허공을 떠돌지 않도록 아이를 붙잡아주는 연결선과 같습니다. 통신수단이기도 한 이 선은 우주 비행사를 우주선이나 지구에 남아 있는 사람들과 연결해줍니다. 이 선이 끊어지면 우주 비행사는 우주 미아가 되고 맙니다. 아이 또한 길을 잃고 불안으로 가득한 허공으로 떨어질 수 있습니다. 매트 모빌에 있든, 책이나 TV를 보든, 아이는 혼자 놀지 않습니다. 아이에게는 다른 사람과의 상호 작용이 필요합니다. 관계를 지속시키고, 안정감을 주고, 학습하게 하는 이 연결선이 필요합니다. 그렇지 않으면 아이는 놀이할 수 없고, 신기해할 일도 없으며, 이해하려고 노력할 수도, 가설을 세우거나 실험할 수도 없습니다. 아이는 길을 잃고, 인간관계의 대용품으로 일시적으로 안정감을 주는 것, 고무젖꼭지, 두 두 인형, TV 영상 같은 것들이 자기를 바보로 만들게 내버려두죠.

아이와 함께 TV 보는 법

아이가 TV를 보면서도 홀로 매트 위에 누워 있는 갓난아기처럼 수동적이 거나, 불안하고 낯선 진공 상태에 빠지지 않는 유일한 방법은 어른과 함께 보는 겁니다. 함께 본다는 것은, 같이 있는 것만이 아니라 아이가 보는 프 로그램의 내용에 어른이 관심을 보이며 개입하는 것을 의미합니다. 두 사 람 사이에 상호 작용이 있어야 한다는 거죠.

아이가 볼 프로그램을 어른이 정하는 것은 바람직하지 않습니다. 아이를 대상으로 한 프로그램이라도 어떤 만화영화에는 교육적 내용이 들 어 있으니 아이에게 적합하다고 판단해서 부모가 먼저 선택하는 것은 좋 지 않다는 겁니다. 책을 고를 때처럼 아이의 선택을 따르고, 아이를 믿어야 합니다. 아이가 토끼 가족 이야기를 계속해서 다시 본다면, 그 이야기가 아 이만이 느낄 수 있는 어떤 반향을 주기 때문일 겁니다.

최근에 방영된 「탐험가 도라」 시리즈는 많은 아이를 TV 앞으로 불 러 모았습니다. 이야기는 매번 다르지만 구조는 같습니다. 같은 노래, 같은 춤이 이야기의 시작과 끝을 장식하고, 대사도 비슷하고, 영상도 단순하고, 등장인물도 많지 않습니다. 모든 아이가 탐험가인 것처럼 주인공 도라는 탐험가입니다. 도라는 전 세계를 돌아다니고, 어려움을 겪고, 문제를 해결 합니다. 도라는 임무를 완수하기 위해 아이들에게 도움을 청하는데, 이런

'가짜' 상호 작용이 아이들을 사로잡았죠. 여우가 도라의 물건을 훔치러 올 때면 아이들은 자리에서 일어나 소리를 지르며 도라에게 위험을 알려줍니다. 도라의 배낭에는 물건이 가득 들어 있는데, 그중 몇 가지는 그날의 골칫거리를 해결해주는 물건이지만 나머지는 아무 의미도 없습니다. 하지만 아이들은 그 물건들의 이름을 모두 알고 있습니다.

이런 만화영화가 아이를 바보로 만든다고 생각하는 것은 잘못입니다. 대부분 어린이책처럼 만화영화도 정보가 많지 않고, 아이들 수준에 맞는 단순한 이미지가 반복됩니다. 한 세대의 아이들에게 환호를 받으며 아동문학 분야에서 베스트셀러가 된 많은 책처럼, 이 만화영화도 오늘날 아이들에게는 깊은 영향을 주지만, 다음 세대에게는 낡은 것으로 보일 테죠. 유행과 유행의 변화는 매우 빠르고 아이들도 젊은이들처럼 유행과 무관하지 않습니다. 오늘날 변한 것이 있다면 현대 소비사회가 이 '작은 영웅들'을 슈퍼마켓 진열대에서 볼 수 있는 상품으로 변형시켰다는 점입니다. 피겨나 장난감을 사면서 아이는 좋아하는 주인공과의 일체감을 확인하고, TV로 만화영화의 일화를 보고 싶은 욕망은 더욱 강해집니다.

우리는 아이를 믿어야 합니다. 그리고 아이의 삶과 관심사에서 제외할 수 없는, 미디어를 수단으로 이루어지는 다양한 학습과 동화의 과정을 포기해서는 안 됩니다. 놀이에 관해 아이를 믿기는 쉽지 않습니다. 마치 아이가 쓸모없는 일에 시간을 허비하거나 위험에 노출되는 것처럼 느끼기도 하죠. 그래서 아이를 보호해야 하는 부모로서의 사명을 확고하게 해줄 규칙이나 금기를 앞세우기도 합니다. 국가도 유아에게 특정 방송 프로그램이나 채널의 시청을 허가하거나 금지하는 내용의 법을 제정함으로써 아이를 보호합니다. 아이는 부모가 기다렸던 중요한 존재이자 소중하고 가치 있는 존재입니다. 하지만 아이는 가정의 구성원인 동시에 사회의 일원이기도 합니다. 세 살 이전의 아이에게 TV 시청을 금하는 것은 부모의 의지와 상관없이 아이들을 보호하려는 사회의 의지를 보여줍니다.

아이들을 믿고 관찰해보세요. 그러면 아이가 그 만화영화를 보면서 세계의 어떤 부분을 깨닫는지를 이해하게 될 겁니다. 아이와 함께 그 이야기를 체험해보세요. 그러나 아이가 길을 잃지 않고 상상의 세계를 만들 수 있게 해주는 연결선은 반드시 유지해야 합니다. 이 상상의 세계에는 친구나 적과 같은 인물들이 살고, 그들은 아이의 모방 놀이에서 한 자리를 차지하며, 아이에게 다른 사람과 함께 지내는 다양한 방식을 알게 해줍니다. 아이는 상상의 세계에 자기가 본 모든 것을 통합하고, 그것으로 현실에서 무엇인가를 만들어냅니다. 아이가 상상하는 세계에서 사는 가상의 새 주인공들은 구상 과정에 함께 참여합니다. 물론 아이는 매우 생생한 영상의 세계에, 때로는 말보다 훨씬 더 실감 나는 세계에 빠져듭니다. 그리고 아이의 눈앞에서 흘러가는 이 영상이 의미 있는 것이 되도록 언어를 부여하는 것이 바로 어른의 역할입니다.

우리는 사건과 등장인물들의 행동, 그들이 겪는 어려움과 이룩한 업적에 대해 아이에게 함께 이야기하자고 제안해야 합니다. 이런 것들이 아이가 체험하는 것과 무관하지 않기 때문이죠. 아이에게는 자기가 본 에피소드 이야기를 함께 나눌 사람이 필요해요. 주제가를 부를 수 있고, 몇몇 단어를 따라 하고, 손뼉치는 것을 눈여겨봐줄 사람이 필요합니다. 만족감, 공포, 놀라움에 관심을 보여줄 사람이 필요합니다. 자기가 본 이야기에서 느낀 감정을 말로 상세히 표현하고, 그 감정에 의미를 부여하기 위해서 말입니다. 아이는 감동을 나누기 위해 어른이 필요해요. 늑대가 다가오면 소파 뒤에 숨으러 가고, 주인공이 성공하면 서로 축하하고 함께 춤을 추거나 삽입곡을 부르고, 나쁜 녀석이 바보짓을 하거나 실패하는 것을 보고 웃기 위해서 말예요. 아이는 함께 TV를 보면서 일종의 '피드백'으로 느낌과 관심을 나누고, 화면에서 본 것과 듣고 이해한 내용을 함께 이야기할 어른이 필요한 거죠. 이렇게 해야만 TV와 화면의 이미지에 아이가 중독되지 않을 겁니다.

아이에게 TV를 읽어주자

사람들은 흔히 아이가 어른과 달리 주의가 산만하고 집중하지 못한다고 생각하지만, 이것은 그건 잘못된 편견입니다. 우리는 TV를 보면서 아이가 거실에서 조용히 놀고 있다고 생각합니다. 아이가 있는데도 TV를 켜놓은 채 많은 일을 하죠. 사실 아이는 지나칠 정도로 주의가 깊습니다. 주변의 어떤 것도 놓치지 않죠. 아이는 감각을 억제할 수 없기에 모든 외부 자극에 반응하느라 금세 산만해집니다. TV가 켜져 있는 방에서 놀면, 실제로 금세 놀이를 끝냅니다. 관심이 TV 화면으로 옮겨 가기 때문이죠. 이런 이유로 아이와 함께 TV의 유아 프로그램을 잠시 시청할 수는 있어도 아이가 있을 때 TV를 켜놓는 것은, 프로그램이 아이를 대상으로 한 것이 아니거나 어른이 아이와 교류하며 함께 시청하는 경우가 아니면 위험하다는 겁니다.

영상은 움직이고, 바뀌고, 끊임없이 변하기에 아이를 더욱 집중시키고 그만큼 더 사로잡습니다. 아이는 특정한 하나의 물체에 관심을 두지 않습니다. 프로그램을 포함한 TV의 모든 것을 놓치지 않죠. 화면을 만지고 싶어 하고, 리모컨의 모든 버튼을 누르고 싶어 합니다. 아이는 리모컨과 TV 화면에서 일어나는 일 사이의 연관성과 방금 본 장면과 사라진 인물과 풍경을 다시 보는 방법도 찾아냅니다. 화면은 아이의 감각에 호소하죠. TV 모니터가 점차 터치 화면으로 대체되고, 양방향 TV나 음성으로 작동하는 TV로 발전하는 것도 놀라운 일이 아닙니다. 이런 발명이 꼭 아이를 염두에 둔 것은 아니지만, 이와 같은 신기술을 상상한 사람이 과거에 어린이 TV 시청자였다는 사실을 부정할 수 없겠죠!

정원에서 놀고 있는 아이는 모험을 시작합니다. 자갈, 나무토막과 개미도 모험의 도구가 될 수 있습니다. 어른이 아이와 함께 놀이하며, 풀숲에서 즐겁게 뒹굴고, 개미와 자갈과 나무토막에 관해 이야기를 나누다 보면 아이는 그만큼 더 관심을 보입니다. 하지만 어른의 눈길을 벗어난 아이가 자갈을 삼키거나 개미에게 물리면 정원은 곧바로 위험한 장소가 됩니다. 그래서 어른의 감시가 필요하지만, 그것만으로는 충분하지 않습니다. 아이에게 효과가 있고 도움이 되는 것은 바로 아이의 발견에 참여하는 것, 즉 진정으로 아이와 함께하는 것입니다. TV의 경우도 마찬가지입니다. 아이를 감시하며 화면에서 멀리 떨어지라고 하거나, 프로그램을 골라서 보게 하는 것만으로는 충분하지 않습니다. 그보다는 모험을 함께해야 합니다. 아이에게 유익하거나 해로운 것은 화면의 영상 자체가 아니라, 그 영상이 어떤 맥락에서 펼쳐지느냐는 데 달렸습니다. 어른은 아이에게 만화영화를 읽어줘야 합니다. 마치 그림책을 읽어주는 것처럼.

점점 더 이른 나이에 점점 더 많이 TV를 소비하는 이 사회에서 화면은 심한 중독의 요인이 될 수 있습니다. 이것은 아이의 놀이나 책에는 없는 위험이죠. 모두가 TV를 시청하면서도 아이의 TV 시청을 특별히 비난하는 이유도 바로 그런 점에 있을 겁니다. 하지만 유아기의 아이에게는 다른 큰 아이들과 마찬가지로 TV 영상도 서로 만나고, 말하고, 앞서 가고 싶은 갈망을 불어넣는 계기가 될 수 있습니다. TV는 어른에게 아이를 위해 많은 시간과 관심을 할애하도록 의무를 지워야 할 도구입니다. 하지만 불행히도 현실은 그렇지 못합니다. 그러니 부모와 할머니 할아버지, 그리고 교사는 TV 모니터를 화상 보모처럼 생각해서는 안 됩니다.

하지만 이것은 실현 가능성이 없는 소원입니다! 그래서 우리는 법을 제정하는 쪽을 더 좋아하는 겁니다. 하지만 필요한 것은 법이 아니라 교육이 아닐까요?

아이는 배우는 사람이다

꽤 오랫동안 우리는 아이가 필요한 교육을 받을 수 있는 지각 능력을 갖추기까지는 무기력하게 기다리는 식물 같은 상태에 있다고 생각했습니다. 그러나 이런 생각은 틀렸습니다. 곧이어 우리는 되도록 빨리 아이의 능력을 일깨워야 한다고 생각습니다. 모든 것이 아이가 세 살이 되기 전에 결정된다고 믿었으니까요. 그러나 다행히도 그렇지는 않습니다. 오늘날 우리는 아이에게 상상도 하지 못할 능력이 잠재되어 있음을 알고 있지만, 여전히 아이에 관해 많은 것을 모르고 있습니다. 아이는 소화관도 아니고, 슈퍼두뇌도 아니고, 배우는 사람입니다. 그리고 아이의 발견, 실험, 연구, 시도, 성공과 마찬가지로 실수도 아이에게 필요한 정상적인 학습 방법입니다. 아이의 놀이는 매개체입니다. 이런 사실을 알면, 우리가 가장 먼저 해야 할 일은 아이가 학습하기에 가장 유리한 환경에서 놀이할 수 있게 해주는 것임이 분명해집니다. 그것이 우리가 해야 할 일입니다. 아이가 학습에 필요한 모든 능력을 갖추고 있어도, 우리가 수단을 제공하고 적절하게 아이의 놀이에 참여할 때에만 효과적으로 학습할 수 있기 때문입니다.

　　우리는 아이를 위해 해야 할 중요한 일이 아이의 몸과 마음을 안전하게 지키는 것이라고 생각해왔습니다. 아이가 다치거나, 넘어지거나, 너무 작은 물건을 삼킬 염려 없이 놀 수 있는 장소를 확보하고, 공간을 정리

정돈하는 데 주의를 기울여야 한다고 믿었습니다. 또한 애착 관계를 유지해서, 아이가 혼자 버려지거나 사람들 사이에서 길을 잃었다는 느낌을 받지 않고 안심하고 놀이할 수 있게 해줘야 한다고 생각했습니다. 그래서 놀이터를 만들었죠. 그 안에서 아이가 울타리 밖에 있는 어른의 자상한 시선을 받으며 안전하게 놀 수 있는 공간을 만든 거죠. 아이가 편안하고 안전하게 몸을 움직이며 놀 수 있게 놀이 매트도 만들었고, 놀이 기구의 사용법을 체계적으로 정리해서 안전을 고려하기도 했습니다.

우리는 이른바 '교육적'인 놀이도 만들었습니다. 그 놀이의 목적이 학교에서 이루어지는 학습 시간을 절약하는 데 있다고 명시하기도 했습니다. 어린이 보육 시설을 건축하면서 계단을 없애고, 계단과 경사진 벽, 구름다리와 미끄럼틀이 있는 놀이 기구를 설치했습니다. 또 정원의 풀과 모래판이 불결하다고 판단해서 아이의 무릎이 쓸리지 않는 탄력성 있는 내장재로 대체했죠. 목이 졸리는 사고를 막으려고 가방끈도 없애고, 불이 쉽게 붙는 공주의 베일, 위생 상태를 확인할 수 없는 포장 상자, 재활용품 통과 병도 치워버렸습니다.

하지만 과연 우리가 아이의 학습에 좋은 환경을 만든 걸까요? 우리는 아이의 안전에 열중하고, 아이를 보호하고 싶어 하고, 포근한 고치를 만들어주고 싶어 했죠. 하지만 아이에게 가장 흥미로운 일이 무엇인지, 특별히 더 탐구하고 싶게 하는 것이 무엇인지, 자기가 가정한 것들에 변화의 가능성이 있는지를 확인하고자 계속 실험을 되풀이하게 하는 것이 무엇인지를 깊이 생각해보았던 걸까요?

우리는 또 아이가 너무 복잡한 인간관계 속에서 길을 잃을까 봐, 충분히 '신뢰할 수 있는' 애착 관계를 맺지 못할까 봐 걱정하며 다른 사람들과의 만남을 제한하기도 합니다. 그 만남이 아이에게는 흥미로운 것이었을 수도 있지만, 우리는 안전을 우선합니다. 엄마와의 관계, 집안과 몇몇 관련된 사람과의 관계 외에 너무 많은 관계를 맺게 되면, 아이가 속한 집단의 관계를 변화시키고, 그래서 관계의 안정성이 위태로워져서는 안 된다고 생각합니다. 우리는 정서적인 연속성이 필수적이라는 생각 때문에 아이가 다양한 정서적인 관계에서 배울 수 있는 모든 기회를 포기했습니다. 좀 더 큰 아이가 아이와 놀 때, 그런 놀이가 아이에게 배울 수 있는 기회를 훨씬 더 많이 준다는 사실도 고려하지 못했습니다. 왜냐면 우리는 그 놀이가 안고 있는 위험, 즉 아이들 사이의 충돌이나 공격의 가능성만을 생각했기 때문입니다.

하지만 오래전부터 우리는 아이를 관찰하고 아이에 관해 많은 것을 배웠습니다. 이제 우리는 아이가 추론하고 통계를 낸다는 것도 알고 있고, 분류하고, 등급을 매기고, 질서를 세운다는 것도 알고 있습니다. 아이는 지칠 줄 모르는 탐험가이고, 만족할 줄 모르는 탐색자이며, 심지어 전략가이기도 합니다. 아이는 기본적인 계산을 할 줄 알고, 어른의 행동을 모방하죠. 시간과 공간의 개념도 아이에게 낯설지 않습니다. 물리법칙을 거스르는 상황에서는 깜짝 놀라고, 자신과 다른 사람을 잘 구분합니다. 아이는 심지어 걷기 전부터, 때로는 사물을 파악할 수 있게 되기 전부터, 그러니까 자기 주변에 반응하는 능력을 갖추기 전부터 이런 모든 능력을 지니고 있습니다. 아이는 어른과 다르고, 규칙적이지 않고, 예측할 수 없게 행동합니다. 적응하고 즐기고 자신을 억제하지 않습니다. 그것이 아이를 더욱 빛나게 하죠.

이런 사실을 아는 것이 중요합니다. 하지만 더욱 중요한 것은 아이의 지능은 자신과 자신에게 제안된 환경 사이의 끊임없는 상호 작용에서 형성된다는 사실을 아는 것입니다. 그러므로 아이의 생활환경과 매우 유연한 아이의 두뇌 발달 사이에 끊임없는 교류가 시의적절하게 이루어져야 합니다. 달리 말하면, 아이가 놓여 있는 상황에서 지식을 얻게 할 수 있다면, 아이는 배울 수 있습니다. 그렇게 되면 아이의 생각과 행동 방식, 감정은 일종의 선순환 구조를 이루면서 지식 형성에 기여하게 될 겁니다.

따라서 우리의 교육적 책임은 막중합니다. 단지 아이가 배우기에 유리한 환경과 행동을 계획하는 차원이 아니라, 우리가 아이를 지지하고 배우는 과정에 함께하고, 아이를 돕고, 실험과 탐구와 발견을 향상하는 방식으로, 즉 아이의 놀이에서 무슨 일이 벌어지는지 이해할 때 그 책임을 다할 수 있습니다. 잊지 마세요! 아이의 놀이는 전문가가 해야 할 일이 아니라 날마다 아이를 돌보고 아이에게 전념하는 모든 사람들이 해야 할 일입니다.

아이가 행복하게 배울 수 있게 하자

아이가 놀면서 배운다는 사실을 인정한다면, 물과 밀가루 반죽, 모래나 흙 같은 것을 만지는 놀이가 단순히 버튼을 누르면 음악이 흘러나오는 학습 상자보다 아이의 학습과 탐구에 훨씬 더 좋다고 인정하는 것이 필수적인 교육 태도입니다. 아이는 이렇게 재료를 만지면서 감각적·물질적 세계 전체를 발견할 소재로 여깁니다. 아이에게는 모든 형태가 새롭게 만들어야 할 것들입니다. 이런 방식으로 할 수 있는 실험은 장난감을 가지고 놀 때보다 훨씬 많습니다. 장난감은 늘 똑같고, 더구나 미리 설정된 몇 가지 가능성밖에 제공하지 못하니까요.

그러므로 아이의 학습을 위해 중요한 것은, 아이가 장난감을 가지고 놀 때보다 훨씬 더 흥미로운 것을 생각해낼 수 있게 해주는 물건과 놀이 도구를 가까이할 수 있어야 한다는 겁니다. 물론 비싼 장난감은 색채도 형태도 아름답고 '유행'에도 뒤떨어지지 않아 처음 가지고 놀 때에는 훨씬 매력적이겠지만, 탐구할 여지가 거의 없어서 아이는 금세 싫증을 냅니다. 반면에 크기가 다른 냄비, 나무 숟가락, 빨대, 컵, 통, 뚜껑 등으로 가득한 수납장은 훨씬 더 다양한 놀이의 기회를 제공하는 놀이 도구입니다.

너무 매끈하고 평평하고 안전한 환경은 위험만이 아니라 아이가 놀 수 있는 기회까지 없애버린다는 단점이 있습니다. 결국, 위험을 감수하지 않는 모험은 없고, 아이들을 포함해서 우리 각자에게 동기를 부여하는 것 역시 모험입니다. 아이는 몸을 숨길 곳이 필요하고, 살펴볼 수 있는 높이가 다른 바닥도 있어야 하며, 발이 빠지는 구덩이와 기어오를 수 있는 언덕과 건너야 할 계곡이 필요합니다. 아이는 옷을 더럽히고, 적시고, 넘어지고, 넘어뜨리고, 던지고, 붙잡고, 맛보고, 들으면서 세상을 느껴야 합니다. 그렇게 세상은 아이에게 의미 있는 것이 됩니다. 그러니 모험하고 싶은 아이의 강렬한 욕구를 채워주는 것은 조작할 수 있는 장난감이 붙어 있는 놀이 매트나 교육용 장난감이 갖춰진 탁자나 의자, 집 안 내부를 작은 모형으로 만든 장난감이 아닙니다. 아이의 놀이 환경을 만들어주려면 우리는 지금보다 훨씬 더 창의성이 풍부해야 합니다.

우리가 생각해야 할 것은 단지 아이에게 잘 맞는 환경이 아니라 학습할 수 있는 가능성이 풍부하고, 그래서 아이가 모험할 수 있는 여지가 큰 환경입니다. 그곳이 집이든, 보육 시설이든 마찬가지입니다. 아이는 혼자 놀이하지 않습니다. 아이가 모험할 수 있게 어른이 놀이에 애정을 가지고 함께하는 것이 필요합니다. 어떤 아이는 모험에 곧바로 뛰어들지만, 어떤 아이에게는 모험을 감행하도록 어른이 유도해야 합니다.

이 책을 읽는 우리 모두가 아이의 놀이에 관심을 갖고 참여하며, 공유하는 기쁨을 이해하고, 함께 이야기하려고 노력하고, 아이에게 새로운 실험의 장을 열어주고, 아이의 실수를 나누듯 발전도 함께 나누기를 기대합니다. 그리고 효과적이고 애정 어린 참여를 기대합니다. 아이가 모험을 하고, 빨리가 아니라 행복하게 배울 수 있게 의욕을 북돋워주세요. 아이가 어른이 되었을 때, 자신의 것이 될 세상을 창조할 능력을 지니게 할 그런 참여 말입니다.

비싼 장난감, 절대 사주지 마라

1판 1쇄 발행일 2013년 12월 1일
글 | 로랑스 라모
번역 | 이해연
삽화 | 이정학
펴낸이 | 임왕준
편집인 | 김문영
펴낸곳 | 이숲
등록 | 2008년 3월 28일 제301-2008-086호
주소 | 서울시 중구 장충단로 8가길 2-1(장충동 1가 38-70)
전화 | 2235-5580
팩스 | 6442-5581
홈페이지 | http://www.esoope.com
블로그 | http://blog.naver.com/esoope
Email | esoopbook@daum.net
ISBN | 978-89-94228-81-5 03590
ⓒ 이숲, 2013, printed in Korea.